材料学科实验室安全教程

漆小鹏　主编
肖宗梁　叶洁云　吴　珊　副主编

CAILIAO XUEKE
SHIYANSHI
ANQUAN JIAOCHENG

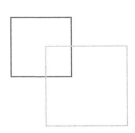

化学工业出版社

·北京·

内容简介

《材料学科实验室安全教程》是高校实验室安全类书籍。全书以材料学科实验室安全为中心，共分为六章，包括实验室消防安全、实验室电气安全、实验室辐射安全、实验室化学安全、实验室仪器设备使用安全、实验室废弃物的处理，另有实验室安全管理制度以附录形式出现。在内容上先介绍材料学科实验室安全基础知识及相关预防救治措施，然后介绍实验室各种常见设备及使用方法，最后阐述实验室各项管理方法与具体管理措施，实用性和可操作性强。

本书为材料学科实验室的管理和安全提供了有价值的参考，可用作材料学科相关实验室安全的培训教材，也可作为材料学科实验室建设和管理人员的参考用书。

图书在版编目（CIP）数据

材料学科实验室安全教程 / 漆小鹏主编；肖宗梁，
叶洁云，吴珊副主编. —北京：化学工业出版社，
2022.4 （2023.6重印）
ISBN 978-7-122-40688-0

I. ①材… II. ①漆… ②肖… ③叶… ④吴… III. ①材料
科学-实验室管理-安全管理-教材 IV. ①TB3-33

中国版本图书馆 CIP 数据核字（2022）第 023001 号

责任编辑：陶艳玲　　　　　　　　　　　　文字编辑：王丽娜　师明远
责任校对：杜杏然　　　　　　　　　　　　装帧设计：史利平

出版发行：化学工业出版社（北京市东城区青年湖南街 13 号　邮政编码 100011）
印　　装：北京天宇星印刷厂
710mm×1000mm　1/16　印张 9　字数 170 千字　2023 年 6 月北京第 1 版第 2 次印刷

购书咨询：010-64518888　　　　　　　　售后服务：010-64518899
网　　址：http://www.cip.com.cn
凡购买本书，如有缺损质量问题，本社销售中心负责调换。

定　　价：39.00 元

前言

  实验室作为高校实验教学和科学研究的重要基地，是全面实施综合素质教育，培养学生实验技能、知识创新和科技创新能力的重要场所。实践证明，高水平的实验室的建设和管理在高校进行人才培养、科学研究和社会服务活动中发挥了越来越重要的作用，已成为推动高校跨越发展的重要动力，是提高高校核心竞争力的必要条件，尤其随着社会转型、生产力升级以及高等教育强国战略的实施，实验室越来越显现出其重要性和不可替代性。

  随着国家对教育投入的增加，我国高等教育事业快速发展，近年来高校实验室建设得到进一步的重视和加强，教学科研实验室的类型和数量在不断增加，已有实验室中的仪器设备也在快速增加。与此同时，实验室的管理和使用过程中出现了许多新情况、新问题，实验室事故时有发生，实验室安全和校园环保工作面临着越来越大的压力和挑战。高等学校实验室安全管理工作直接关系到广大师生的身体健康和生命财产安全。在全国范围内，各高等学校虽已采取多种有效措施加强实验室安全管理，但各类安全事故仍时有发生，未能完全杜绝。

  发生在高等学校实验室的安全事故多种多样，但轻视、制度休眠和监督缺失被认为是实验室安全事故发生的最主要原因。如果将实验室安全工作视为一种文化来组织管理实验，发挥文化对个人影响和规范的作用，很多事故或许就可以避免，很多问题就能够迎刃而解。

  本书总结了高校材料实验室管理与安全的成果与经验，为实验室的管理和安全提供了有价值的参考。本书共分为六章，包括实验室消防安全、实验室电气安全、实验室辐射安全、实验室化学安全、实验室仪器设备使用安全、实验室废弃物的处理，另有实验室安全管理制度以附录形式出现。每章先概括相关概念或意义，然后阐述实验室各项管理方法与具体管理措施，注重实用性和可操作性。

  本书不仅可以提供给高校材料学科实验室的管理人员，参与实验的教师、学生和实验技术人员作为培训教材或工具书使用，也可以作为企事业单位、科研院所从事实验室建设和管理的工作人员以及广大实验爱好者的参考用书。希望本书能对读者理论水平和实践能力的提高起到抛砖引玉的作用，以实现实验室管理与安全的规范化、制度化和科学化，为高校实验室的发展做出有益的贡献。

  本书得到了江西理工大学教材建设项目的资助，在此表示感谢。

编者

2021 年 10 月

目录

第 3 章
实验室辐射安全

第 6 章
实验室废弃物的处理　　　　　　　　　　116

附录
实验室安全管理制度（样例）　　　　　　124

参考文献　　　　　　　　　　　　　　135

第1章

实验室消防安全

1.1
燃烧的基础知识

1.1.1　火的基本概念

火是物质燃烧过程中散发出光与热的现象，是能量释放的一种方式。高温的火还是一种特殊的物质存在形态——等离子态。

火是人类赖以生存和发展的自然力，对人类发展和社会进步产生了深远的影响。火的使用使人类跨入了文明世界，正如恩格斯所说，"摩擦生火第一次使人支配了一种自然力，从而最终地把人和动物分开"。

人类用火的历史，同时也是一部同火灾作斗争的历史。火给人类带来了光明和温暖，不断地促进人类的物质文明发展，但同时也给人类带来了巨大的灾难。火一旦失去控制，就可能变成灾害，威胁人类的物质财产、生命安全，甚至造成难以挽回和弥补的损失。人类对灾害的认识始于"火"。《左传·宣公十六年》对火的解释为："凡火，人火曰火，天火曰灾。"我国最早的文字，甲骨文中的"灾"字，写法为上水下火，说明早期对人类的危害最多的是水灾和火灾；而后来的篆体"灾"字，变化为只包含"火"字，则说明火灾的发生更为频繁，对人类的危害也更严重。

1.1.2 火灾分类和等级划分

火灾，就是在时间或空间上失去控制的燃烧所造成的灾害。对人身财产造成损害的燃烧现象都是火灾。

（1）火灾的分类

新规定的 6 类火灾如下。

A 类火灾：固体物质火灾。这种物质通常具有有机物性质，一般在燃烧时能产生灼热的余烬。如木材、棉、毛、麻、纸张等火灾。

B 类火灾：液体或可熔化的固体物质火灾。如汽油、煤油、柴油、原油、甲醇、乙醇、沥青、石蜡等火灾。

C 类火灾：气体火灾。如天然气、煤气、甲烷、氢气等火灾。

D 类火灾：金属火灾。如钾、钠、镁、铝等火灾。

E 类火灾：带电火灾。物体带电燃烧的火灾。

F 类火灾：烹饪器具内的烹饪物（如动植物油脂）火灾。

（2）火灾等级划分

新的火灾等级标准由原来的特大火灾、重大火灾、一般火灾三个等级调整为特别重大火灾、重大火灾、较大火灾和一般火灾四个等级。

① 特别重大火灾是指造成 30 人以上死亡，或者 100 人以上重伤，或者 1 亿元以上直接财产损失的火灾；

② 重大火灾是指造成 10 人以上 30 人以下死亡，或者 50 人以上 100 人以下重伤，或者 5 千万元以上 1 亿元以下直接财产损失的火灾；

③ 较大火灾是指造成 3 人以上 10 人以下死亡，或者 10 人以上 50 人以下重伤，或者 1 千万元以上 5 千万元以下直接财产损失的火灾；

④ 一般火灾是指造成 3 人以下死亡，或者 10 人以下重伤，或者 1 千万元以下直接财产损失的火灾。

与其他的灾害不同，火灾的成因人为因素突出，大多数火灾事故都是人为过失引起的。人为原因、管理原因和物质原因造成火灾的比例为 5:4:1。由此可见，要避免火灾事故的发生，控制好人的不安全行为是至关重要的。要远离火灾就必须提高全员的消防安全素质，提高社会的消防文明程度。

1.1.3 燃烧的本质及条件

（1）燃烧的本质

燃烧，俗称"着火"，是可燃物与氧化剂作用发生的放热反应，通常伴有火焰、发光和（或）发烟现象。近代链式反应理论认为，游离基的链式反应，是燃烧反应的实质，光和热是燃烧过程中发生的物理现象。一般来说，链式反应机理大致可分为三个阶段。

① 链引发：即生成游离基，使链式反应开始。生成的方法通常有离解法、光照法、催化法、放射线照射法、加入引发剂和氧化还原法等。

② 链传递：游离基作用于其他参与反应的分子，在生成产物的同时，产生新的游离基，使链式反应自行地一个传一个，不断地进行下去。

③ 链终止：游离基消失使链式反应终止。终止的原因一般是游离基撞击器壁成为稳定分子。

（2）燃烧的条件

燃烧必备的三要素：可燃物、助燃物和着火源。燃烧的充分条件为一定浓度的可燃物、一定含量的助燃物和一定能量的着火源，它们相互作用时，才能使燃烧发生和持续。

（3）燃烧过程

① 气体物质的燃烧　可燃气体燃烧时所需要的热量仅用于氧化或分解，或将气体加热到燃点，因此容易燃烧，而且速度快。

气体燃烧有如下两种形式：如果可燃气体和空气的混合是在燃烧过程中形成的，则发生扩散燃烧，也称稳定燃烧。例如，用煤气炉做饭时的气体燃烧。如果可燃气体和空气的混合是在燃烧之前形成的，遇到火源则发生动力燃烧，也称预混燃烧或爆炸式燃烧。例如，泄漏的煤气与空气形成爆炸混合物，遇火源会发生爆燃或爆炸。

② 液体物质的燃烧　液体的燃烧叫蒸发燃烧。易燃和可燃液体受热时蒸发的蒸气被分解、氧化到燃点而燃烧。随着燃烧液体的表层温度升高，蒸发速度和火焰的温度也同时增加，甚至会使液体沸腾。

单质液体燃烧时，蒸发出来的气体与液体的成分相同。混合液体燃烧时，主要先蒸发低沸点的成分，剩余液体中高沸点成分的比例会随着燃烧的深入而增加。例如，重质石油产品在燃烧过程中常会产生沸溢和喷溅现象，造成大面积火灾。

③ 固体物质的燃烧　单质固体物质燃烧时，先受热熔化，然后蒸发成气体燃烧。如硫、磷、钠等。低熔点固体物质燃烧时，先受热熔化，然后蒸发、分解、氧化燃烧。这类物质有蜡烛、沥青、石蜡、松香等。复杂固体物质燃烧时，先受热分解，冒出气态产物，再氧化燃烧。如木材、煤、纸张、棉花、麻等。

气体、液体、固体的燃烧特点可决定燃烧速度。气体燃烧速度最快，其次是液体，最后是固体。

（4）燃烧产物

由燃烧或热解产生的全部物质，称为燃烧产物，通常指燃烧生成的气体、能量、可见烟等。燃烧产物的成分取决于可燃物的组成和燃烧条件。如果燃烧生成的产物不能再燃烧，叫作完全燃烧，产物为完全燃烧产物；当氧气（氧化剂）不足，生成的产物还能继续燃烧，则叫作不完全燃烧，产物为不完全燃烧产物。

① 热量　大多数物质的燃烧是一种放热的化学氧化过程，所释放的能量以热量的形式表现。火灾发生、发展的整个过程始终伴随着热量传播，热量传播是影响火灾发展的决定性因素。除火焰直接接触外，热传播通常是以传导、辐射和对流三种方式向外传播的。火灾热量对人体具有明显的物理伤害。

② 烟雾　火灾中可燃物燃烧产生大量烟雾，对火场人员的危害极大。烟雾具有遮光性，影响视线，火场的高温烟雾会引起人员烫伤，还可能造成人员中毒、窒息。据统计，火灾人员伤亡 80%以上不是直接烧死的，而是吸入有毒的烟雾窒息而死。

一般火灾会产生二氧化碳、一氧化碳以及其他一些有毒气体和水蒸气、灰分等。主要危害人体的是一氧化碳和二氧化碳。

一氧化碳（CO）为不完全燃烧产物。空气中含有1%的 CO 时，就会使人中毒死亡。在灭火抢险中，要注意防止 CO 中毒和 CO 遇新鲜空气形成爆炸性混合物而发生爆炸。

二氧化碳（CO_2）是无色无味、毒性小的气体，密度比空气略大。高浓度的二氧化碳会抑制和麻痹人的呼吸中枢，引起酸中毒。火灾中，燃烧导致空气中氧气被消耗，同时二氧化碳浓度升高。因此，火灾会造成现场人员二氧化碳中毒，同时还伴随缺氧危害。

1.1.4　火灾致人死亡的原因

① 有毒气体　一般情况下，导致火灾死亡的有毒气体主要是一氧化碳。在死者身上检查出的其他有毒气体，几乎不会直接造成死亡。

② 缺氧　由于氧气被燃烧消耗，火灾中的烟雾常呈低氧状态，人吸入后会因缺氧而死亡。

③ 烧伤　由于火焰或热气流损伤大面积皮肤，引起各种并发症而致人死亡。

④ 吸入热气　如果在火灾中受到火焰的直接烘烤，就会吸入高温的热气，从而导致气管炎症和肺水肿等窒息死亡。

1.2
防火措施及设备

1.2.1　防火的基本措施

一切防火措施都是为了防止产生燃烧条件和燃烧条件的相互作用。按照燃烧原理，防火的基本措施主要有以下几种。

（1）控制可燃物

例如，以难燃或不燃材料替代可燃或易燃材料，用防火材料浸涂可燃材料。

（2）隔绝助燃物

对遇空气能自燃和火灾危险性大的物质应采取隔绝空气储存的方式。

（3）消除或控制着火源

例如，严禁吸烟，禁止使用伪劣插座，有易燃易爆气体的室内不要放置电冰箱等电气设备。实验用电吹风不要放置在木质桌面上，不用时要拔掉插头。

（4）防止火势蔓延

一旦发生火灾，不能使新的燃烧条件形成，将着火和爆炸限制在较小的范围。例如，合理放置实验室内设备、物品，做到分区隔离。

1.2.2　灭火的基本方法

根据燃烧形成的条件，有以下 4 种灭火方法。

（1）隔离法

将燃烧的物体或其周围的可燃物隔离或移开，燃烧会因缺少可燃物而终止。例如，撤离靠近火源的可燃、易燃、易爆和助燃的物品；把着火的物体移至安全地带；掩盖或阻挡流散的易燃液体；关闭可燃气体、液体管道的阀门，阻断可燃物进入燃烧区域等。

（2）窒息法

阻止空气进入燃烧区域或用不燃物降低燃烧区域的空气浓度，使燃烧缺氧而熄灭。例如，用灭火毯、砂土、湿帆布等不燃或难燃物覆盖燃烧物；封闭着火房间门窗、设备的孔洞等。二氧化碳灭火剂就是通过隔绝空气，起到灭火的作用。

（3）冷却法

将灭火剂直接喷射到燃烧物上，以降低燃烧物的温度至燃点以下，使燃烧终止；或者将灭火剂喷洒在火源附近的可燃物上，防止热辐射引燃周边物质。例如，用水或二氧化碳扑灭一般固体的火灾，通过大量吸收热量，迅速降低燃烧物温度，使火熄灭。

（4）抑制法

该方法基于燃烧是游离基的链式反应机理。将化学灭火剂喷射至燃烧区，参与燃烧的化学反应，使燃烧反应过程中产生的游离基消失，链传递中断，造成燃烧反应终止。干粉灭火剂被认为具有一定的抑制火势的作用。

1.2.3 建筑消防设施

建筑消防设施是建（构）筑物内用于防范和扑救建（构）筑物火灾的设备设施的总称。常见的消防设施包括自动报警、灭火设施，安全疏散设施，防火分隔物等。

（1）自动报警系统

图1.1为自动报警系统。自动报警系统一般由火灾探测器、区域报警器和集中报警器组成，也可以根据要求同各种灭火设施和通信装置联动，形成中心控

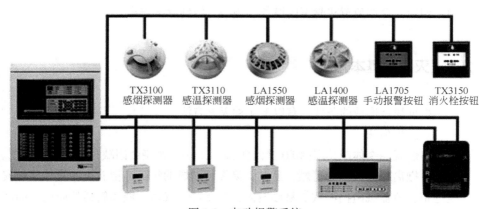

图1.1　自动报警系统

制系统。火灾产生的烟雾、高温和火光，可通过探测器转变为电信号报警或启动自动灭火系统，及时扑灭火灾。

（2）自动灭火系统

图 1.2 为自动灭火系统。自动灭火系统主要有自动水灭火、自动气体灭火两大类。常用的为自动喷水灭火系统，由洒水喷头、报警阀组、水流报警装置（水流指示器或压力开关）等组件以及管道、供水设施组成，能在发生火灾时喷水灭火。

图 1.2　自动灭火系统

（3）室内消火栓（箱）

图 1.3 为室内消火栓（箱）。室内消火栓（箱）是安装在建筑物内的消防给水管路上，由箱体、消火栓头、消防接口、水枪、水带（高层建筑通常还有消防软管卷盘）及消火栓按钮设备等消防器材组成的，具有给水、灭火、控制、报警等功能的箱状固定式消防装置。

室内消火栓一般设置在建筑物走廊或厅堂等公共空间的墙体内，箱体玻璃上标注醒目的"消火栓"红色字。

图 1.3　室内消火栓（箱）

（4）灭火器

图 1.4 为灭火器。灭火器是可携式灭火工具，是扑救初起火灾的重要消防器材。

图 1.4　灭火器

灭火器按其移动方式可分为手提式和推车式；按驱动灭火剂的动力来源可分为储气瓶式、储压式、化学反应式；按所充装的灭火剂又可分为泡沫、干粉、卤代烷（对臭氧层有破坏作用，已禁止在非必要场所配置该型灭火器或灭火系统）、二氧化碳、酸碱、清水等。

常见的灭火器主要包括干粉灭火器、二氧化碳灭火器及泡沫灭火器等。

（5）安全疏散设施

建立安全疏散设施的目的，就是要当建筑物内发生火灾时能使建筑物内的人员和物资尽快转移到安全区域（室外或避难层等）避难，以减少损失，同时也为消防人员提供有利的灭火条件。

安全疏散设施包括安全出口、疏散楼梯和楼梯间、疏散走道、消防电梯、火灾应急广播、防排烟设施、火灾应急照明和疏散指示标志等。

① 安全出口 凡是可供人员安全疏散用的门、楼梯、走道等统称为安全出口的门，经过走道或楼梯能通向室外的门等都是安全出口。

安全出口遵循"双向疏散"的原则，即建筑物内的任意地点，均应有两个方向的疏散路线，以保证疏散的安全性。

每个防火分区的安全出口一般不得少于两个。人员密集的公共场所，则必须根据容纳的人数确定。

安全出口的布置应分散，有明显标志，易于查找，不能任意减少，使用时不得上锁。

② 疏散楼梯和楼梯间 疏散楼梯是在发生紧急情况的时候，用来疏散人群的通道。疏散楼梯包括普通楼梯、封闭楼梯、防烟楼梯及室外疏散楼梯等 4 种。楼梯间是指容纳楼梯的结构，包围楼梯的建筑部件，分为敞开楼梯间、封闭楼梯间、防烟楼梯间。

a. 敞开楼梯间。是指建筑物内由围护构件构成的无封闭防烟功能，且与其他使用空间相通的楼梯间。这种普通楼梯在人员疏散时安全度最低，只允许在低层建筑物中使用。

b. 封闭楼梯间。是指用耐火建筑构件分隔，能防止烟和热气进入的楼梯间。封闭楼梯间的门应向疏散方向开启。

c. 防烟楼梯间。当封闭楼梯间不能天然采光和自然通风时，应按防烟楼梯间的要求设置。防烟楼梯间应设置防烟或排烟设施和应急照明设施；在楼梯间入口处应设置防烟前室、开敞式阳台或凹廊等。

d. 室外疏散楼梯。当在建筑物内设置疏散楼梯不能满足要求时作为辅助楼梯。

③ 疏散走道 从建筑物着火部位到安全出口的这段路线称为疏散走道，也就是指建筑物内的走廊或过道。

④ 消防电梯　图 1.5 为消防电梯标识牌。消防电梯是在建筑物发生火灾时供消防人员进行灭火与救援的电梯。普通电梯均不具备消防功能，发生火灾时禁止搭乘电梯逃生。由于火灾并非经常发生，平时可将消防电梯与普通电梯兼用。

图 1.5　消防电梯标识牌

⑤ 火灾应急照明和疏散指示标志（发光）　一般用于台阶、门垛、管道等。以免建筑物发生火灾时，正常电源被切断，在黑暗下会使人产生惊恐，造成混乱。应急照明和疏散指示标志可以帮助人们在黑暗或浓烟中，及时识别疏散位置和方向，迅速沿着指示标志疏散，避免造成伤亡事故。应急照明一般设置在墙面或顶棚上，安全出口标志设在出口的顶部，疏散走道的指示标志设在疏散走道及其转角处距地面 1m 以下的墙上。

⑥ 火灾应急广播　在人员比较集中的建筑物中，一旦发生火灾，影响很大。通过应急广播，能够使在场人员了解发生了什么事和该如何疏散，便于发生火灾时统一指挥，防止发生混乱，保障人员有秩序地快速疏散。应急广播系统可与火灾报警系统联动。

（6）防火分隔物

防火分隔物是指在一定时间内能够阻止火势蔓延，且能把整个建筑物内部空间划分出若干较小防火空间的物体。常用的防火分隔物有防火门、防火卷帘、防火墙、防火阀等。

① 防火门　防火门也称防烟门，是用来维持走火通道的耐火完整性及提供逃生途径的门。防火门可阻隔浓烟及热力，其目的是要确保在一段合理时间内

（通常是逃生时间），保护走火通道内正在逃生的人免受火灾的威胁，防火门应常闭。

② 防火卷帘 防火卷帘是一种活动的防火分隔物，平时卷起在门窗上口的转轴箱中，起火时将其放下展开。防火卷帘广泛应用于建筑的防火隔断区，除具有普通门的作用外，还有防火、抑制火灾蔓延、保护人员安全疏散等特殊功效。

③ 防火墙 防火墙是由不燃材料构成，具有隔断烟火及其热辐射，防止火灾蔓延的耐火墙体。安装在通风、回风管道上，平时处于开启状态，火灾时当管道内气体温度达到70℃时关闭，起阻隔烟火的作用。

④ 防火阀 防火阀是安装在通风、空调系统的送、回风管路上，平时呈开启状态，火灾时当管道内气体温度达到时自动关闭，起隔烟阻火作用的阀门。

（7）其他设施

① 防火分区 防火分区是指采用防火分隔措施划分出的、能在一定时间内防止火灾向同一建筑的其余部分蔓延的局部区域（空间单元）。建筑物一旦发生火灾，防火分区可有效地把火势控制在一定的范围内，减少火灾损失，同时可以为人员安全疏散、灭火提供有利条件。

② 防烟分区 防烟分区是指用挡烟垂壁、挡烟梁、挡烟隔墙等划分的可把烟气限制在一定范围的空间区域。发生火灾时，防烟分区可在一定时间内，将高温烟气控制在一定的区域之内，并迅速排出室外，以利于人员安全疏散，控制火势蔓延和减少火灾损失。

③ 防火间距 防火间距是指相邻两栋建筑物之间，保持适应火灾扑救、人员安全疏散和降低火灾时热辐射的必要间距。也就是指一幢建筑物起火，其相邻建筑物在热辐射的作用下，在一定时间内没有任何保护措施情况下，也不会起火的最小安全距离。建筑防火间距一般为消防车能顺利通行的距离，一般为7m。

④ 消防通道 消防通道是指消防人员实施营救和被困人员疏散的通道。

每个公民都应自觉保护消防设施，不损坏、擅自挪用、拆除、圈占消火栓，不占用防火间距，不堵塞消防通道。

1.3
常见的消防安全标志

消防安全标志是由安全色、边框、图像、图形、符号、文字所组成，能够充分体现消防安全内涵、规模和消防安全信息的标志。悬挂消防安全标志是为了能够引起人们对不安全因素的注意，树立安全意识，预防事故发生。

（1）消防安全标志的颜色

红色表示禁止；黄色表示火灾或爆炸危险；绿色表示安全和疏散途径；黑色、白色主要表示文字。

（2）消防安全标志的内容

图 1.6 为常见的消防安全标志。

图 1.6　常见的消防安全标志

1.4
灭火器及室内消火栓的使用方法

及时扑灭火灾可以减少火灾损失，避免火灾伤亡。火灾初起阶段的燃烧面积小、火势弱，在场人员如能采取正确扑救方法，就能在灾难形成之前迅速将火扑灭。据统计，以往发生火灾的70%以上是由在场人员在火灾形成的初起阶段扑灭的。因此，了解灭火器材的使用，懂得扑灭初起火灾的方法是非常必要的。

实验室常用的灭火器材有干粉灭火器、二氧化碳灭火器、泡沫灭火器和室内消火栓。

1.4.1 灭火器的使用方法

（1）手提式干粉灭火器

图 1.7 为手提式干粉灭火器。

图 1.7　手提式干粉灭火器

① 灭火原理：干粉灭火器利用二氧化碳气体或氮气作动力，使干粉灭火剂喷出灭火。对有焰燃烧的化学抑制作用是其灭火的基本原理，同时还有窒息、冷却的作用。

② 适用范围：碳酸氢钠干粉（沉类）灭火器适用于易燃、可燃液体、气体及电气设备的初起火灾；磷酸铵盐干粉（ABC 干粉）灭火器除可用于上述几类火灾外，还可扑救固体类物质的初起火灾。干粉灭火器不能扑救金属燃烧火灾。

③ 使用方法：使用前先将灭火器上下颠倒几次，使瓶内干粉松动，然后将食指伸入保险销环，并拧转拔下保险销。一只手握住启闭阀的压把，另一只手捏住皮管，将喷嘴对准起火点，用力压下压把，即可灭火。

（2）手提式二氧化碳灭火器

图 1.8 为手提式二氧化碳灭火器。

① 灭火原理：二氧化碳具有不能燃烧，也不支持燃烧的性质，通过压力将液态二氧化碳压缩在灭火器钢瓶内，灭火时再将其喷出，有降温和隔绝空气的作用。

图 1.8　手提式二氧化碳灭火器

　　② 适用范围：主要用于扑救贵重设备、档案资料、仪器仪表及油类的初起火灾。CO_2在高温下可与一些金属发生燃烧反应，因此不能用它扑灭金属火灾，也不能用于扑救硝化棉、赛璐珞、火药等含氧化剂的化学物质的火灾。

　　③ 使用方法：拔出灭火器的保险销，一只手握住开启把，另一只手握在喷射软管前端的喷嘴处。如灭火器无喷射软管，可一手握住开启压把，另一只手扶住灭火器底部的底圈部分，即可灭火。

　　（3）手提式泡沫灭火器

　　① 灭火原理：通过瓶体内酸性溶液与碱性溶液混合发生化学反应，将生成的泡沫压出喷嘴，浇盖在燃烧物上，使之与空气隔绝，达到灭火的目的。

　　② 适用范围：主要用于扑救一般 B 类火灾，如油制品、油脂等火灾，也可用于扑救木材、纤维、橡胶等 A 类火灾。不能扑救带电设备和有机溶剂的火灾。泡沫灭火器的喷射距离远，连续喷射时间长，可用来扑救较大面积的仓库或油罐车等的初起火灾。

　　③ 使用方法：一只手握住提环，另一只手扶住瓶体的底部，将灭火器倒过来，喷嘴对准火焰根部，用力摇晃几下，灭火剂即喷出。使用者应逐渐向燃烧区靠近，将喷出的泡沫覆盖在燃烧物上，直至火灭。

　　④ 注意事项：室内灭火器要放置在明显处，取用方便且不影响安全疏散，注意防止高温或暴晒。

　　干粉或二氧化碳灭火器的射程短，使用者不可离火太远。要侧身站立，上身后倾，以防烟火熏烤。要前伸灭火器，将喷嘴近距离对准火焰根部喷射，不要对着火苗或烟雾。在灭火过程中，应始终压紧压把，一旦手松开喷射就会中断。

使用二氧化碳灭火器时，切勿直接用手抓握金属连线管，以防手指冻伤；在室内狭小空间使用后，要及时撤离，以防缺氧窒息。

泡沫灭火器在使用前，不可过分倾斜，更不可横拿或倒置，以免瓶内药剂混合而提前喷出；使用过程中，要始终保持倒置状态，防止喷射中断。

如在室外灭火，一定要站在上风位置，避免在下风处受烟火熏烤。

扑救流散液体火灾时，应对准火焰根部，由近而远左右扫射，将火压灭。扑救容器内液体火灾时，不要垂直喷射液面，避免灭火剂强力冲击液面，造成液体外溢而扩大火势。

要根据火灾现场灭火器的数量，组织人员同时使用，迅速把火扑灭。如果只由一个人灭火，可能会延误时机。

火被扑灭后，要仔细检查现场，防止着火部位存在炽热物引发复燃。

1.4.2　室内消火栓的使用方法

掌握室内消火栓的使用方法很有必要。手提式灭火器的灭火剂含量少，喷射距离短，只适合扑救初起火灾。因此，当火势较大时，就需要使用室内消火栓扑救。遇到交通拥堵的高峰期，消防车不能及时赶到，如果火场人员不会使用消火栓，就可能延误最佳灭火时机，使火势迅速蔓延，酿成大的火灾事故。图 1.9 为室内消火栓。

图 1.9　室内消火栓

（1）使用方法

遇有火警时，按下弹簧锁，拉开箱门，连接水枪与水带接口、水带与消火栓接口，如有加压泵，要击碎加压泵启动按钮玻璃。一人持连接好的枪头奔向起火点，另一人在前者到达火场后，将栓头手轮逆时针旋开，即可喷水灭火。

如果消火栓箱内有消防软管卷盘，扑救火灾时，可将消防软管全部拉出散放于地上，逆时针拧开进水控制阀门，将软管喷头牵引到火场，打开喷头阀门开关，将水喷向起火部位。

（2）注意事项

出水前，要将水带展开，防止打结造成水流不畅。灭火人员要抓紧水枪，或二人持捏，防止因水压大造成枪头舞动脱手伤人。

如果距离火场远，一盘水带不够长时，应快速从另一消火栓箱内取出水带并连接上。扑救室内火灾时，要先将房顶和开口部位（门、窗）的火势扑灭后，再扑救起火部位。当火灾较小时，应使用灭火器扑救，不宜使用室内消火栓。要提前关闭火场区域范围线路电源，防止灭火时触电。不可用消防水枪扑救带电设备、比水轻的易燃液体、实验室遇水起化学反应药品的火灾。

（3）其他实验室灭火物品

除灭火器、室内消火栓外，一般还可以用灭火毯、砂土和自来水扑救实验室的初起火灾。使用自来水灭火要先断电，防止触电或电气设备爆炸伤人。不宜用水灭火的实验室应配备灭火毯或砂土箱。发生火灾时，可用灭火毯覆盖燃烧物使燃烧窒息，或用砂土倾撒在燃烧物上压灭火苗。

1.5
火灾扑救的注意事项

（1）沉着冷静

发现起火，切忌慌张和不知所措。要沉着冷静，根据防火课和灭火演练学到的消防知识，组织在场人员利用灭火器具，在火灾的初起阶段将其扑灭。如果火情发展较快，要迅速逃离现场。

（2）争分夺秒

使用灭火器进行扑救火灾时，可按灭火器的数量，组织人员同时使用，迅速把火扑灭。避免只由一个人使用灭火器的错误做法。要争分夺秒，尽快将火扑灭，防止火情蔓延。切忌惊慌失措、乱喊乱跑，延误灭火时机，小火酿成大灾。

（3）兼顾疏散

发生火灾，现场能力较强人员组成灭火组负责灭火，其余人员要在老师带领下或自行组织疏散逃生。疏散过程要有序，防止发生踩踏等意外事故。

（4）及时报警

发生火灾要及时扑救，同时应立即拨打火警电话，使消防车迅速赶到火场，将火尽快扑灭。"报警早，损失小。"

（5）生命至上

在灭火过程中，要本着"救人先于救火"的原则，如果有被火势围困人员，首先要想办法将受困人员抢救出来；如火情危险难以控制，灭火人员要确保自身安全，迅速逃生。

（6）断电断气

电气线路、设备发生火灾，首先要切断电源，然后再考虑扑救。如果发现可燃气体泄漏，不要触动电气开关，不能用打火机、火柴等明火，也不要在室内打电话报警，避免产生着火源。要迅速关闭气源，打开窗门，降低可燃气体浓度，防止燃爆。

（7）慎开门窗

救火时不要贸然打开门窗，以免空气对流加速火势蔓延。如果室内着火，打开门窗，会加速火势蔓延；如果室外着火，烟火会通过门窗涌入，容易使人中毒、窒息死亡。

1.6
火灾报警

《中华人民共和国消防法》第五条规定：任何单位和个人都有维护消防安全、保护消防设施、预防火灾、报告火警的义务。任何单位和成年人都有参加有组织的灭火工作的义务。所以一旦失火，要立即报警，全国统一规定使用的火警电话号码为"119"。

发生火灾报告火警时，应注意以下几点：

① 拨打"119"电话时不要慌张以防拨错号码，延误时间。

② 讲清火灾情况，包括起火单位名称和地址、起火部位、什么物资着火、有无人员围困、有无有毒或爆炸危险物品等。消防队可以根据火灾的类型，调配登高车、云梯车或防火车。

③ 要注意指挥中心的提问，并讲清自己的电话号码，以便联系。

④ 电话报警后，要立即在着火点附近路口等候，引导消防车迅速到达火灾现场。

⑤ 迅速疏通消防车道，清除障碍物，使消防车到火场后能立即进入灭火救援。

⑥ 如果着火区域发生了新的变化要及时报告最新情况。

1.7

火灾时的逃生与自救

除了火灾产生的高温、有毒烟气威胁着火场人员生命安全，火灾的突发性、火情的瞬息变化也会严重考验火场人员的心理承受能力，影响他们的行为。被烟火围困人员往往会在缺乏心理准备的状态下被迫瞬间做出相应的反应，一念之间决定生死。火场上的不良心理状态会影响人的判断和决定，可能导致错误的行为，造成严重后果。只有具备良好的心理素质，准确判断火场情况，采取有效的逃生方法，才能化险为夷。

（1）熟悉环境，有备无患

平时应树立遇险逃生意识，居安思危，防患未然。要熟悉所处环境，牢记疏散通道、楼梯及安全出口的位置和走向，确保遇到火灾时能够沿正确的逃生路线及时逃离火场，避免伤亡。

（2）初起火灾，及时扑灭

火灾刚刚发生时，还难以对人构成威胁。这时如果发现火情，应立即利用室内、通道内放置的灭火器，或通道内的消火栓及时将小火扑灭。切忌惊慌失措，不知所措，延误时间，使小火变成大灾。

（3）通道疏散，莫乘电梯

目前我国的消防规范禁止使用普通电梯逃生，"电梯不能作为火灾时疏散逃生的工具"的规定也是国际惯例。

发生火灾从高层建筑疏散时，千万不要乘坐电梯，要走楼梯通道。因为发生火灾时往往会断电，使得电梯卡壳或因火灾高温变形，造成救援困难；浓烟毒气涌入电梯竖井通道会形成烟囱效应，威胁被困电梯人员的安全，极易酿成伤亡事故。

应根据火灾现场情况，确定逃生路线。一般处在着火层的应向下层逃生，着火层以上的应向室外阳台、楼顶逃生。如果疏散通道未被烟火封堵，处在着火层以上的也可以向下逃生。

（4）毛巾捂鼻，俯低逃生

烟雾是火灾的第一杀手，如何防烟是逃生自救的关键。因此，穿过火场烟雾时，如果没有防毒面具，可用湿毛巾捂住口鼻，降低吸入烟雾的浓度。火灾发生时烟气大多聚集在上部空间，在逃生过程中应尽量将身体压低，按照疏散标识指示方向逃出。

（5）防止烧伤，湿棉被护体

当距离安全出口较近，逃生通道有火情时，可将身体用水浇湿，用浸湿的毛巾、棉被、毯子等物裹严，再冲出火场逃至安全地带。

（6）身上着火，切忌惊跑

如果发现身上衣物被火点燃，切忌惊跑或用手拍打，要用水浇灭；没有水源情况下，尽快撕脱衣服或就地滚动将火压灭。禁止直接向身上喷射灭火剂（清水除外），以防伤口感染。

（7）难以呼吸，结绳脱困

如果房间充满浓烟造成呼吸困难，既不能沿通道撤离，又无法在室内立足，只能沿窗口逃生时，可利用绳索，或将床罩、被单撕成条拧成绳从窗口顺绳滑下。如果绳子不够长，可用其一头捆住腰，一头固定在室内火焰侵袭不到的地方，将自己悬在窗外。

（8）跳楼有方，切记谨慎

火灾事实表明，楼层在 3 层以上选择跳楼逃生的，生存概率极低。处于这种场合，要积极寻找其他逃生途径。只有当所处楼层较低，逃生无路，室内烟熏火烤，不得已的情况下，才能采取跳楼逃生。跳楼逃生时，可先往地上抛棉胶等物增加缓冲，俯身用手拉住窗台，头上脚下滑跳。

（9）莫贪钱财，生命为本

"人死不能复生"。身处险境，应尽快撤离，不要把逃生时间浪费在寻找、搬离贵重物品上，切莫为取出遗忘的钱财而重返火海。

（10）制造信号，寻求援助

被烟火围困暂时无法逃离的人员，应尽量待在阳台、窗口等易被人发现和能避免烟火近身的地方。白天可以向窗外晃动鲜艳衣物，或外抛轻型晃眼的东西；晚上可以用手电筒不停地在窗口闪动或者敲击东西，及时发出有效的求救信号，引起救援者的注意。

1.8
实验室火灾预防

实验室常见火灾的原因：

① 实验室管理不到位，导致发生违反安全防火制度的现象。例如，违反规定在实验室吸烟并乱扔烟头；不按防火要求使用明火，引燃周围易燃物品。

② 配电不合理、电气设备超负荷运转，造成电路故障起火；电线老化造成短路等。

③ 易燃、易爆化学品储存或使用不当。

④ 违反操作规程，或实验操作不当引燃化学反应生成的易燃、易爆气体或液态物质。

⑤ 仪器设备老化或未按要求使用。

⑥ 实验室未配置相应的灭火器材，或缺乏维护造成失效。

⑦ 实验期间脱岗，或实验人员缺乏消防技能，发生事故不能及时处理。

第2章

实验室电气安全

电能是一种方便的能源，它的应用给人类创造了巨大的财富，改善了人类的生活。但是，如果在工作和生活中不注意安全用电，则会带来灾害。例如，触电可造成人身伤亡，设备漏电则可能酿成火灾、爆炸，高频用电可产生电磁污染等。现代实验室中存在大量电气设备，保证实验室工作人员及电气系统的安全、仪器设备的正常运转，则需要每个人树立安全用电意识，掌握安全用电的知识与技能。

2.1
实验室触电事故发生的原因

近年来，由于实验室电路设计的规范化，空气开关和漏电保护器的广泛安装和应用，实验室触电身亡的事故较为罕见，但违规、违章操作造成的触电事故不在少数，其主要原因如下。

① 电气线路设计不符合要求，设备不能有效接地、接零。

② 电气设备安装时未按要求采取接地、接零措施，或接线松脱、接触不良。

③ 电气设备绝缘损坏，导致外壳漏电。

④ 导线绝缘老化、破损，或屏护不符合要求，致使人员误触带电设备或线路。

⑤ 人体违规接触电气导电部分，如用手直接接触电炉金属外壳等。

⑥ 用湿的手或手握湿的物体接触电插头等。

⑦ 赤手拉拽绝缘老化或破损的导线。

⑧ 在缺乏正确防护用品或没有绝缘工具的情况下，盲目维修、安装电气设备。

⑨ 随意改变电气线路或乱接临时线路，将单相或三相插头的接地端误接到相线上，使设备外壳带电。

⑩ 用非绝缘胶布包裹导线接头。

⑪ 使用手持电动工具而未配备漏电保护器，未使用绝缘手套。

⑫ 休息不好，精神松懈，导致误接触导体。

2.2
防护措施

为了有效防止触电事故，可采取绝缘、屏护、安全距离、保护接地或接零、漏电保护等技术措施。

2.2.1 保证电气设备的绝缘性能

绝缘是用绝缘物将带电导体封闭起来，使之不能对人身安全产生威胁。足够的绝缘电阻能把电气设备的泄漏电流限制在很小的范围内，从而防止漏电引起的事故。一般使用的绝缘物有瓷、云母、橡胶、胶木、塑料、布、纸、矿物油等。绝缘电阻是衡量电气设备绝缘性能的最基本的指标。电工绝缘材料的体积电阻率一般在 $10^7 \Omega/m^3$ 以上。不同电压等级的电气设备，有不同的绝缘电阻要求，并要定期进行测定。

2.2.2 采用屏护

屏护就是用遮栏、护罩、护盖、箱盒等把带电体同外界隔绝开来，以减少人员直接触电的可能性。屏护装置所用材料应该有足够的机械强度和良好的耐火性能，护栏高度不应低于 1.7m，下部边缘离地面不应超过 0.1m。金属屏护装置应采取接零或接地保护措施。护栏应具有永久性特征，必须使用钥匙或工具才能移开。屏护装置上应悬挂"高压危险"的警告牌，并配置适当的信号装置和连锁装置。

2.2.3　保证安全距离

电气安全距离是指避免人体、物体等接近带电体而发生危险的距离。安全距离的大小由电压的高低、设备的类型及安装方式等因素决定。常用电气开关的安装高度为 1.3～1.5m；室内吊灯灯具高度应大于 2.5m，受条件限制时可减为 2.2m；户外照明灯具高度不应小于 3m，墙上灯具高度允许减为 2.5m。为了防止人体接近带电体，带电体安装时必须留有足够的检修间距。在低压操作中，人体及其所带工具与带电体的距离不应小于 0.1m；在高压无遮栏操作中，人体及其所带工具与带电体之间的最小距离视工作电压不应小于 0.7～1.0m。

2.2.4　合理选用电气装置

从安全要求出发，必须合理选用电气装置，才能减少触电危害和火灾爆炸事故。电气设备主要根据周围环境来选择，例如，在干燥少尘的环境中，可采用开启式和封闭式电气设备；在潮湿和多尘的环境中，应采用封闭式电气设备；在有腐蚀性气体的环境中，必须采用密封式电气设备；在有易燃易爆危险品的环境中，必须采用防爆式电气设备。

2.2.5　装设漏电保护装置

装设漏电保护装置的主要作用是防止由于漏电引起人身触电，其次是防止由于漏电引起的设备火灾以及监视、切除电源一相接地故障，消除电气装置内的危险接触电压。有的漏电保护器还能够切除三相电机缺相运行的故障。图 2.1 为漏电保护装置。

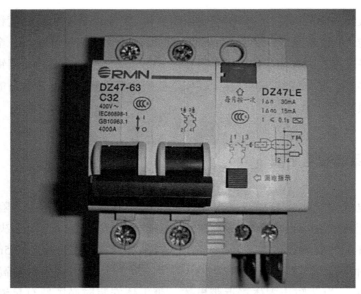

图 2.1　漏电保护装置

2.2.6　保护接地

保护接地是防止人身触电和保护电气设备正常运行的一项重要技术措施，分为接地保护和接零保护两种。

（1）接地保护

对由于绝缘损坏或其他原因可能使正常不带电的金属部分呈现危险电压的部件，如变压器、电机、照明器具的外壳和底座，配电装置的金属构架，配线钢管或电缆的金属外皮等，除另有规定外，均应接地。

（2）接零保护

接零是把设备外壳与电网保护零线紧密连接起来。当设备带电部分碰连其外壳时，即形成相线对零线的单相回路，短路电流将使线路上的过流速断保护装置迅速启动，断开故障部分的电源，消除触电危险。接零保护适用于低压中性点直接接地的 380V 或 220V 的三相四线制电网。

2.2.7　采用安全电压

安全电压是为防止触电事故而采用的由特定电源供电的电压系列。这个电压系列的上限值在任何情况下，两导体或任一导体与地之间均不得超过交流（频率为 50～500Hz）有效值 50V。我国的国家标准规定，安全电压额定值的等级为 42V、36V、24V、12V、6V。凡手提照明灯、危险环境和特别危险环境的局部照明灯、高度不足 2.5m 的一般照明灯、危险环境和特别危险环境中使用的携带式电动工具，如果没有特殊安全结构或安全措施，应采用 36V 安全电压。凡工作地点狭窄，行动不便以及周围有大面积接地导体的环境（如金属容器内、隧道内）中，使用手提照明灯，应采用 12V 电压。

2.3
实验室电气设备的防火防爆

2.3.1　电热设备

电热设备是将电能转换成热能的一种用电设备，常用的电热设备有电炉、烘箱、恒温箱、干燥箱、管式炉、电烙铁等。这些设备大都功率较大、工作温度较高，如果安装位置不当或其周围堆放有可燃物，热辐射极易引发可燃物发生火灾；另外加热时间过长或未按操作规程运行电热设备，也有可能导致电流过载、短路、绝缘层损坏等引起火灾事故。电热设备的防火措施如下。

① 对于电热设备的安装使用，必须经动力部门检查批准。

② 安装电热设备的规格、型号应符合生产现场防火等级。

③ 在有可燃气体、蒸气和粉尘的房屋，不宜装设电热设备。

④ 电热设备不准超过线路允许负荷，必要时应设专用回路。

⑤ 电热设备附近不得堆放可燃物，使用时要有专人管理，使用后、下班时或停电后必须切断电源。

⑥ 工厂企业、机关、学校等单位应严格控制非生产、非工作需要而使用生活电炉，禁止个人违反制度私用电炉。

2.3.2　电气火灾扑灭要点

电气设备发生火灾时，为了防止触电事故，一般都在切断电源后才进行扑救。具体方法如下。

(1) 及时切断电源

电气设备起火后，不要慌张，首先要设法切断电源。切断电源时，最好用绝缘的工具操作，并注意安全距离。电容器和电缆在切断电源后，仍可能有残余电压，为了安全起见，不能直接接触或搬动电缆和电容器，以防发生触电事故。

(2) 不能直接用水冲浇电气设备

电气设备着火后，不能直接用水冲浇。因为水有导电性，进入带电设备后易引发触电，会降低设备绝缘性，甚至引起设备爆炸，危及人身安全。

(3) 使用安全的灭火器具

电气设备灭火，应选择不导电的灭火剂，如二氧化碳、1211、1301、干粉等进行灭火。绝对不能用酸碱或泡沫灭火器，因其灭火剂有导电性，手持灭火器的人员会触电。且这种灭火剂会强烈腐蚀电气设备，事后不易清除。变压器、油断路器等充油设备发生火灾后，可把水喷成雾状灭火。因水雾面积大，水珠压强小，易吸热汽化，迅速降低火焰温度。图 2.2 为手提式干粉灭火器。

图 2.2　手提式干粉灭火器

(4) 带电灭火的注意事项

如果不能迅速断电，必须在确保安全的前提下进行带电灭火。应使用不导电的灭火剂，不能直接用导电的灭火剂，否则会造成触电事故。使用小型灭火器灭火时由于其射程较短，要注意保持一定的安全距离，对 10kV 及以下的设备，该距离不应小于 40cm。在灭火人员穿戴绝缘手套和绝缘靴、水枪喷嘴安装接地线情况下，可以采用喷雾水灭火。如遇带电导线落于地面，则要防止跨步电压触电，扑救人员需要进入灭火时，必须穿上绝缘鞋。

2.4

静电的防护措施

静电是处于静止状态的电荷，或者说是不流动的电荷（流动的电荷即电流）。当电荷聚集在某个物体的某些区域或其表面上时就形成了静电，当带静电物体接触零电位物体（接地物体）或与其有电位差的物体时，就会发生电荷转移，也就是我们常见的静电放电（ESD）现象。静电的电量不高，能量不大，不会直接使人致命。但是，静电电压可高达数万乃至数十万伏。例如，人在地毯或沙发上站立时，人体电压可超过一万伏；而橡胶和塑料薄膜的静电电压则可高达十万伏。高的电压使静电放电时能够干扰电子设备的正常运行或对其造成损害，而且很容易产生放电火花引起火灾和爆炸事故。

静电防范主要围绕抑制静电的产生、加速静电泄漏、进行静电中和三方面进行，具体措施如下。

（1）使材料带电序列相互接近

抑制静电产生需使相互接触的物体在带电序列中所处的位置尽可能接近。对于各种材质，其摩擦带电序列依次由正电荷到负电荷为：玻璃、有机玻璃、尼龙、羊毛、丝绸、赛璐珞、棉织品、纸、金属、黑橡胶、涤纶、维纶、聚苯乙烯、聚丙烯、聚乙烯、聚氯乙烯、聚四氟乙烯。材料带电序列远离，则容易产生静电。

（2）控制物体接触方式

要抑制静电的产生，需要缩小物体间的接触面积和压力，降低温度，减少接触次数和分离速度，避免接触状态急剧变化。如：化学实验中将苯倒入容器中，需要缓慢倒入，且倒毕应将液体静置一定时间，待静电消散后再进行其他操作。

（3）接地

接地是加速静电泄漏最简单常用的办法，即将金属导体与大地（接地装置）进行电气上的连接，以便将电荷泄漏到大地。此法适合于消除导体上的静电，而不宜用来消除绝缘体上的静电，因为绝缘体的接地容易发生火花放电，引起易燃易爆液体、气体的点燃或造成对电子设施的干扰。

（4）屏蔽

用接地的金属线或金属网等将带电的物体表面进行包覆，从而将静电危害限制到不致发生的程度，屏蔽措施还可防止电子设施受到静电的干扰。如可采用防静电袋、导电箱盒等包覆带电物体。图 2.3 为静电屏蔽示意图。

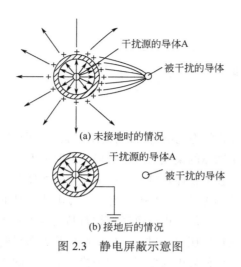

图 2.3　静电屏蔽示意图

2.5
触电的急救措施

　　"迅速、就地、准确、坚持"是触电急救的原则。发现人身触电事故时，发现者一定不要惊慌失措，首先要迅速使触电者脱离电源；然后立即就地进行现场救护，同时找医生救护；由于触电者经常会出现假死，因此对触电者的救护一定要正确、坚持、不放弃。

　　电流对人体的作用时间愈长，对生命的威胁愈大。所以，触电急救首先要使触电者迅速脱离带电体。在脱离带电体时，救护人员既要救人，又要注意保护自己。

2.5.1　脱离低压电源的常用方法

　　脱离低压电源的方法可用"拉""切""挑""拽""垫"五个字来概括。
　　①"拉"：是指就近拉开电源开关，拔出插头或切断整个室内电闸。
　　②"切"：当断开电源有困难时，可用带有绝缘柄或干燥木柄的利器切断电源线路。切断时应防止带电导线断落触及其他人。
　　③"挑"：如果导线断落在触电人身上或压在身下，这时可用干燥木棍或

竹竿等挑开导线，使之脱离电源。

④ "拽"：是救护人戴上手套或在手上包缠干燥衣服、围巾、帽子等绝缘物拖拽触电人，使他脱离电源导线。

⑤ "垫"：是指如果触电人由于痉挛手指紧握导线或导线绕在身上，这时救护人可先用干燥的木板或橡胶绝缘垫塞进触电人身下使其与大地绝缘，隔断电源的通路，然后再采取其他办法把电源线路切断。

2.5.2　脱离高压电源的方法

由于高压电源的电压等级高，一般绝缘物品不能保证救护人员的安全，而且高压电源开关一般距现场较远，不便拉闸。因此，使触电者脱离高压电源的方法与脱离低压电源的方法有所不同。

① 立即电话通知有关部门拉闸停电。

② 如果电源开关离触电现场不太远，可戴上绝缘手套，穿上绝缘靴，使用适合该电压等级的绝缘工具，拉开高压跌落式熔断器或高压断路器。

③ 抛掷裸金属软导线，使线路短路，迫使继电保护装置切断电源，但应保证抛掷的导线不触及触电者和其他人，防止电弧伤人或断线危及人身安全。

注意：如果不能确认触电者触及或断落在地上的带电高压导线无电时，救护人员在未做好安全措施（如穿绝缘靴）前，不能接近断线点8～10m 范围内，防止跨步电压伤人。触电者脱离带电导线后亦应迅速带至8～10m 以外，确认已经无电后立即开始触电急救。

2.5.3　脱离电源时的注意事项

① 救护人不得采用金属和其他潮湿的物品作为救护工具。

② 在未采取绝缘措施前，救护人不得直接接触触电者的皮肤和潮湿的衣服及鞋。

③ 在拉拽触电人脱离电源线路的过程中，救护人宜用单手操作，这样做对救护人比较安全。

④ 当触电人在高处时，应采取预防措施预防触电人在脱离电源时从高处坠落摔伤或摔死。

⑤ 夜间发生触电事故时，在切断电源时会同时使照明失电，应考虑切断后的临时照明，如应急灯等，以利于救护。

2.6
触电者脱离带电体后的处理

2.6.1　触电者脱离带电体后的救护

① 对症抢救的原则是使触电者脱离电源后，立即移到安全、通风处，并使其仰卧。

② 迅速鉴定触电者是否有心跳、呼吸。

③ 若触电者神志清醒，但感到全身无力、四肢发麻、心悸、出冷汗、恶心，或一度昏迷，但未失去知觉，应将触电者抬到空气新鲜、通风良好的地方舒适地躺下休息，让其慢慢地恢复正常。要时刻注意保温和观察，若发现呼吸与心跳不规律，应立刻设法抢救。

④ 若触电者出现呼吸或心跳停止症状，则应立即实施心肺复苏。

2.6.2　救护注意事项

① 救护人员应在确认触电者已与电源隔离，且救护人员本身所涉环境安全距离内无危险电源时，方能接触伤员进行抢救。

② 在抢救过程中，不要为方便而随意移动伤员，更不要剧烈摇动触电者。如确需移动，应使伤员平躺在担架上并在其背部垫以平硬阔木板，不可让伤员身体蜷曲着进行搬运。移动过程中应继续抢救。

③ 任何药物都不能代替人工呼吸和胸外心脏按压，对触电者用药或注射针剂，应由有经验的医生诊断确定，慎重使用。

④ 实施胸外心脏复苏术时，切不可草率行事，必须认真坚持，直到触电者苏醒或其他救护人员、医生赶到。如需送医院抢救，在途中也不能中断急救措施。

⑤ 在抢救过程中，要每隔数分钟再判定一次，每次判定时间均不得超过5～7s。

⑥ 在医务人员未接替抢救前，现场救护人员不得放弃现场抢救，只有医生有权做出伤员死亡的诊断。

第**3**章

实验室辐射安全

　　辐射是能量在空间的传播。按照辐射的物质性，可分为两大类：一类是电磁辐射，其实质是电磁波；另一类是粒子辐射，是一些组成物质的粒子或者原子核。电磁辐射仅有能量而无静止质量，根据频率和波长的不同，又可将其分为无线电波、微波、红外线、可见光、紫外线、X 射线和γ射线等。粒子辐射既有能量，又有静止质量，是一些高速运动的粒子，其中包括电子、质子、中子和带电重离子等。在实践中也常将高能的 X 射线、γ射线称为粒子辐射。按照辐射作用于物质时产生效应的不同，人们又将辐射分为电离辐射和非电离辐射。电离辐射包括宇宙射线、X 射线和来自放射性物质的辐射；非电离辐射包括紫外线、热辐射、无线电波和微波等。一般来说非电离辐射的能量较低，不足以使被辐射物质的原子发生电离，而电离辐射有足够的能量使原子中的电子游离而产生带电离子。这个电离过程通常会引致生物组织产生化学变化，因而可能对生物构成伤害。电离辐射一般是由带电粒子、中子、X 射线、γ射线引起的。非电离辐射一般是由无线电波、微波、红外线、可见光、紫外线引起的。由于电离辐射主要来源于原子核发出的射线，因此人们常常又将电离辐射称为核辐射。将紫外线、可见光、热辐射（红外线）、无线电波和微波等产生的辐射称为电磁辐射。

3.1
辐射的应用与分类

按照放射性粒子能否引起传播介质的电离，把辐射分为两大类：电离辐射和非电离辐射。

3.1.1　电离辐射

电离辐射拥有足够高的能量，可以把原子电离。一般而言，电离是指电子被电离辐射从电子壳层中击出，使原子带正电。细胞由原子组成，一个细胞大约由数万亿个原子组成，电离作用可以引发癌症，电离辐射引发癌症的概率取决于辐射剂量率及接受辐射生物的感应性。α射线、β射线、γ射线及中子辐射均可以加速至足够高能量电离原子。

3.1.2　非电离辐射

非电离辐射的能量较电离辐射弱。非电离辐射不会电离物质，而会改变分子或原子的旋转、振动或价层电子轨态。非电离辐射对生物活组织的影响近年才开始被研究，不同的非电离辐射可产生不同的生物学作用。无论是电离辐射还是非电离辐射，都存在于日常生产生活和科学研究中，很多时候我们不知不觉间已经享用到辐射给我们带来的好处，但如果使用不当，也会造成伤害。

3.2
电离辐射的危害

日常生活中人们时刻受到辐射照射，宇宙射线和自然界中天然放射性核素发出的射线称为天然本底辐射。在我国广东省阳江放射性高本底地区，虽然辐射剂量比正常地区高得多，但当地居民的健康状况与对照地区比较，并未发现显著性差异。近几十年，人工电离辐射源的广泛应用成为人类接受的辐射照射的主要来源。图 3.1 为人类接受辐射照射示意图。

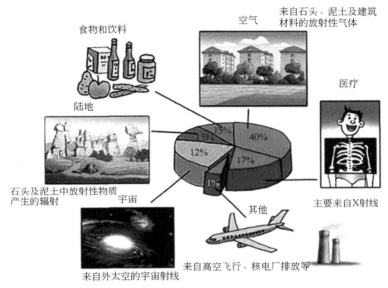

图 3.1　人类接受辐射照射示意图

3.2.1　电离辐射对人体健康的影响

α射线、β射线等带电的射线进入物质后，与物质的电子相互作用，引起物质的大量电离。γ射线等不带电的射线进入物质后，首先产生一个或几个能量较高的带电粒子，这些带电粒子再与物质的电子相互作用，也会引起物质的大量电离。射线与人体相互作用引起人体内物质大量电离，使人体产生生物学方面的变化，这些变化在很大程度上取决于辐射能量在物质中沉积的数量和分布。射线对人体的照射可以分为外照射和内照射。人体外部的放射源对人体造成的照射叫外照射；人体内部的放射源对人体造成的照射叫内照射。α射线的穿透本领很小，外照射的危害可以不予考虑；β射线的穿透本领也比较小，一般只能造成人体浅表组织的损伤，因此对于近距离的β射线应引起注意；γ射线和 X 射线的射程都比较长，是外照射的主要考虑对象。α射线和β射线的内照射危害比较大，尤其α射线是内照射的主要关注对象。其他射线（中子等）的照射比较少见。

随着放射性核素的广泛应用，越来越多的人认识到辐射对机体造成的损害随着辐射照射量的增加而增大，大剂量的辐射照射会造成被照部位的组织损伤，并导致癌变，即使是小剂量的辐射照射，尤其是长时间的小剂量照射蓄积也会导致照射器官组织癌变，并会使受照射的生殖细胞发生遗传缺陷。

虽然射线会对人体造成损伤，但人体有很强的修复功能。对于从事放射性工作人员的职业照射，在辐射防护剂量限值的范围内，其损伤也是轻微的、可以修复的。因此，对于辐射的使用，我们要注意防护，尽可能合理降低辐射的危害，但不必产生恐慌心理，影响我们的正常工作和生活。

3.2.2 电离辐射的生物效应

电离辐射对人体的照射有可能产生各种生物效应。按照生物效应发生的个体不同，可以分为躯体效应和遗传效应；按照辐射引起的生物效应发生的可能性，可以分为随机性效应和确定性效应。

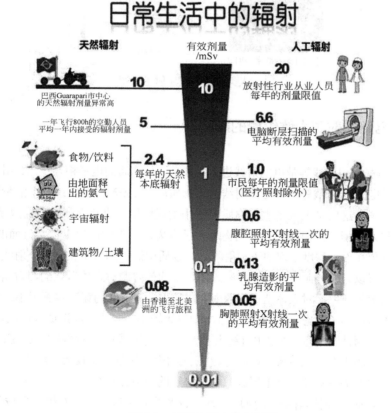

图 3.2 日常生活中的辐射值

（1）躯体效应和遗传效应

发生在被照射个体本身的生物效应叫躯体效应；由于生殖细胞受到损伤而体现在其后代活体上的生物效应叫遗传效应。

（2）随机性效应和确定性效应

发生概率与受照剂量成正比，而严重程度与剂量无关的辐射效应叫随机性效应，主要表现在受照个体的癌症及其后代的遗传效应。在正常照射的情况下，发生随机性效应的概率是很低的。一般认为，在辐射防护起作用的低剂量范围内，这种效应的发生不存在剂量阈值，阈值就是发生某种效应所需要的最低剂量值。通常情况下存在剂量阈值的辐射效应叫确定性效应，接受的辐射剂量超过阈值越多，产生的效应越严重。

人们日常所遇到的照射大多与随机性效应有关，但在放射性事故和医疗照射中，发生确定性效应的可能性应该引起足够的重视。图 3.2 为日常生活中的辐射值。图 3.3 为辐射警示标志。

图 3.3　辐射警示标志

3.3
电离辐射的防护

3.3.1　电离辐射防护目的

电离辐射防护在于防止不必要的辐射照射，保护操作者本人免受辐射损伤，保护周围人群的健康和安全。一般认为，辐射防护的目的主要有三个。

① 防止有害的确定性效应发生。例如，影响视力的眼睛晶状体浑浊的辐射剂量当量在 15mSv 以上，为了保护视力，防止这一确定性效应的发生，就要保证工作人员眼睛晶状体的年累积辐射剂量当量不超过 150mSv。

② 限制随机性效应的发生率，使之达到被认为可以接受的水平。辐射防护的目的是使人为原因引起的辐射所带来的各种恶性疾患的发生率，小到能被自然发生率的统计涨落所掩盖。

③ 消除各种不必要的辐射照射。在这方面，主要是防止滥用辐射，或尽量避免本来稍加注意就可以避免的某些照射。

3.3.2　电离辐射防护三原则

（1）实践的正当性

实践的正当性就是对于任何一项辐射照射实践，其对受照个人或社会所带来的利益足以弥补其可能引起的辐射危害时，该实践才是正当的。

（2）辐射防护的最优化

辐射防护的最优化就是在考虑了经济和社会因素之后，保证受照人数、个人受照剂量的大小以及受照射的可能性均保持在可合理达到的尽量低水平。

（3）个人剂量限制

在实施上述两项原则时，要同时保证个人所受的辐射剂量不超过规定的相应限值。

3.3.3　辐射防护的基本方法

通常讨论辐射安全防护时，将人员所受的辐射照射分为来自体外放射源的照射（简称外照射）和来自体内沉积放射源的照射（简称内照射）两类。

对接触贯穿性辐射的实验操作人员而言，时间、距离和屏蔽是确保个人安全必须控制的关键因素。可贯穿皮肤角质层达到活组织的主要电离辐射如：α射线，来自正电子湮灭的光子，能量大于 100keV 的β粒子，轫致辐射，X 射线。

（1）增加与放射源的距离

增加操作人员与放射源的距离常常是减少来自贯穿辐射产生的辐射照射最有效且经济的方法。当操作小实体源（活性区小的放射源）时，距离对防护的作用尤其显著，因来自小实体源的剂量率与测量点至放射源的距离平方成反比。

常用方法如下：

① 避免直接操作贯穿性辐射源。严禁直接操作未屏蔽的千万贝可勒尔级（毫居里级）放射源。

② 使用镊子、钳子、长柄钳类夹具，专门设计的支架，隔离物或垫片等增加手至放射源的距离。

③ 设计简单的工具增加操作的安全性，如用带圆柱形孔的方形有机玻璃块放置活性样品存储小瓶。

④ 养成将暂时不用的放射源存放在工作台和通风橱后部远离自然通道处的习惯。

（2）减少暴露时间

减少受照时间可以成正比例地减少辐射剂量。减少操作人员暴露于贯穿辐射的时间可通过以下途径实现。

① 拟订合理的实验方案。

② 关注操作过程中的注意事项。

（3）屏蔽

当最大距离和最短时间仍然不能确保操作人员所受照射降低至合理的、可以接受的水平时，有必要采取屏蔽措施。

合适的屏蔽材料能够为操作者阻挡放射源发出的大部分辐射能量。高原子序数的致密材料（如铅玻璃或铅罐）用来屏蔽小型贯穿性放射源较为有效且紧凑，轻材料（如玻璃、铝或有机玻璃）对纯β射线放射源可实现有效的屏蔽。

需要重视的是，当某些核素发出的高能β射线被吸收时，将产生穿透能力更强的韧致辐射次级 X 射线。这些次级辐射的强度随屏蔽材料的原子序数增加而增加。因此，当操作大量（如大于 3.7GBq，即 100mCi）的纯β射线发射体（如 32P）时，次级辐射可能带来超剂量照射，此时必须考虑屏蔽。最佳屏蔽方案是将 1～1.5cm 厚的有机玻璃屏或类似的材料放在靠近 32P 放射源的位置以吸收β射线，并使其产生的次级辐射最小化，再在此材料后（靠近实验者的一面）设置一层铅玻璃、铅片或铅箔，用来吸收穿透性更强的韧致辐射次级 X 射线。

利用屏蔽材料减少暴露通常有以下方法：

① 设计实验方案时须考虑所需的屏蔽设计，可用半减弱厚度或测量剂量等方法。

② 监测来自操作区域内所有方向，尤其是下方和后部的剂量率，确认达到了足够的屏蔽效果。

③ 将发射穿透性辐射的放射性物质存放在有铅盖的铅容器中。

④ 如果空间允许，可用混凝土砖封放射性物质存放区域。

⑤ 使用普通镜子、潜望镜或透明屏蔽层（如铅玻璃窗）观察操作，避免从

屏蔽死角直接观察。

⑥ 使用坚固的支撑构架确保屏蔽层的稳定性。

⑦ 操作千万贝可勒尔级（毫居里级）放射性物质时，可为移液工具（如注射器针筒）专门设置防护屏蔽层。

⑧ 避免直接暴露于高能β射线放射源。因为当能量和强度相同时，β射线对皮肤产生的剂量率是γ射线的 10～100 倍。

⑨ 无论什么时候使用发射高能β射线的放射性核素，都应尽可能使用稀溶液，因大量液体可有效地吸收更多的β射线。

3.3.4　内照射的控制

控制内照射的关键是防止放射性物质进入体内造成体内放射性污染。放射性物质进入体内的主要途径如下：

① 吸入（最常见的途径）。

② 吸收（如通过完整的皮肤、黏膜、眼睛等进入）。

③ 摄取或食入（在实验室中留长指甲、使用化妆品、进食、饮水、吸烟等，或在实验完毕离开实验室前没有洗手和监测）。

④ 伤口等破损皮肤（如锐器刺伤、擦伤等）进入。

防止体内污染，就必须阻截上述每个污染途径。基本措施是在操作过程的所有阶段通过合理使用相关设备和个人防护用品（如通风橱、手套箱、口罩和手套），围封放射性物质。当围封措施不便实施或只能作为辅助安全措施时，应采取其他办法。

（1）防止吸入

吸入危险主要来自气载放射性物质，即以尘埃、烟、雾、微粒、水蒸气或气体形式分散在空气中的放射性物质。防止吸入可通过确保将放射性物质包容在密封器具中实现。如果不便实施密封或需要辅助预防措施，当操作可能产生空气污染的放射性物质时，应在抽气型围封装置（如通风橱）中进行。在这个过程中，操作时产生的少量气载放射性污染物已被稀释到可以忽略的浓度。

（2）预防皮肤吸收和伤口进入

使用工具操作时，避免与有可能被污染的物体接触，预防皮肤污染，并防止皮肤暴露于污染空气中。此外，戴手套、穿实验服和穿戴其他个人防护用品能提供更可靠的防护。使用吸管等尖锐工具时需加倍小心，防止发生意外扎破皮肤的事故。

应特别注意防止损伤皮肤。开放性创伤或皮疹应进行包裹覆盖处理，如有必要，应等皮肤痊愈后再做实验。应定期监测以确保及时发现皮肤玷污。发现皮肤污染后应迅速对污染处进行去污处理，以便将皮肤的暴露面积和吸收减至最小。

（3）预防摄取

严禁将任何可能被污染的物体（笔、药匙、吸管等）放进嘴里，将此途径的摄入量降至最低。在进行非密封性放射性物质操作的区域严禁进食、饮水、抽烟、使用护肤品和化妆品（如唇膏、口红）。物理屏障如口罩、防护面具等可防止意外事故（如爆炸或喷洒等）造成的摄取。

3.4
实验室操作行为规范

① 严格遵守实验室的规章制度和仪器设备的操作规程。听从教师和实验技术人员的指导；不得把与实验无关的仪器、用品带入放射化学实验室。必要的讲义、资料等，宜用小纸片写成摘要带入，使用专用笔记录；不得把放射化学实验室物品带到非放射化学实验室内。

② 牢记三个"尽可能"。即：使用尽可能少量的所需放射性物质、尽可能短寿命的放射性核素、尽可能小的实验动物。

③ 将所有放射性物质存储容器贴上清楚的标识。在所有放射性工作场所和存储区张贴标准辐射警告标识。容器上的标签应有辐射警告标识，并注明核素或其化合物名称、放射性物质的量和测量日期；实验操作过程中涉及的所有物品均应严格按"沾污"和"清洁"区分，并按及时"标记"的原则进行；实验结束后应及时清理玻璃器皿及其他用具，清除污染，未经处理及监测不得在他处使用；剩余放射性物质必须回收，不得任意转移、借让。

④ 根据不同性质的操作穿戴合适的个人防护用品（衣、帽、鞋和防护眼镜等）。戴上完好无损的手套（应专门练习戴、取手套，以避免手和手套内表面污染），以及在某些特殊情况下按照防护要求使用鞋套、围裙、袖套和防护口罩等；不允许裸露小腿和穿露趾鞋或凉鞋；工作期间应在胸部或腰部位置（或腰与肩间躯体部位）佩戴配发的个人剂量计，大剂量操作时需佩戴报警式个人计量仪；除非经监测没有污染，否则严禁将防护用品带离工作区域。

⑤ 了解将要开启、分装或使用的放射性核素的性质，包括半衰期、发射粒子种类和能量、屏蔽要求、特殊危险、检测该放射性核素的手段以及应急处置方法。

⑥ 操作强放射性（大于 3.7MBq，即 100mCi）物质时，应使用符合要求的屏蔽装置。所有放射性物质的分装操作均应在安全的围封屏蔽设备（如手套箱）里进行。

⑦ 实验操作过程中应严防放射性物质的溅洒。所有涉及放射性物质的操作必须在铺有吸水纸的不锈钢或塑料托盘中进行，最好选用衬有无渗透性基底或塑料基底的吸水纸；在操作、运输和存储等环节，必须使用托盘存储和转移盛有放射性液体的容器，应采用"双保险"措施，在放射性试剂容器外再加一层不透水的保护容器，中间夹衬吸水材料。如果原容器意外破损，外层容器和托盘应能够容纳原容器中所有的放射性液体；给人、动物注射时，要小心、正确地排除注射器内的空气，防止放射性试剂溢出而产生污染。

⑧ 移取、转移放射性液体时必须使用移液管、洗耳球、机械移液装置或借助玻璃棒引流等，严禁直接倾倒。

⑨ 屏蔽器材的布置对操作者个人及其同事的安全至关重要。需要屏蔽的工作站应设置在转角处和靠墙的位置，确保实验台对面没有其他人员活动。当操作发射贯穿性辐射的放射性物质时，特殊情况下应考虑可能在实验台对面工作的同事的安全屏蔽。

⑩ 应在专门的放射性清洗水槽内洗涤被污染的器皿，严禁将放射性溶液或废物倒入该水槽，所有污染物和污染溶液均应存储在符合规定的放射性废物容器中等待处置。

⑪ 发生污染事故（如放射性物质翻倒、溢出或溅落等）时应保持镇静，立即报告指导教师并按照污染事故处理程序处置。

⑫ 工作结束时，监测围封装置内、实验设备、实验服和工作台面等及可能被污染的邻近区域，或按规定定期监测；离开工作区之前，应彻底地清洗双手，并监测手部、躯体和衣物。监测仪器须经过近期校正且能够检测实验使用的核素。

⑬ 保持个人卫生。实验结束必须洗手，离开实验室前，应进行玷污检查，确保达到合格，指甲应经常剪短；个人防护用品由使用人负责保管，并经常清洗，定期检查，放于指定地点，不得带出实验室。

3.5
辐射安全事故及应急处置

辐射安全事故主要指除核设施事故以外，放射性物质丢失、被盗、失控，或者放射性物质造成人员受到意外的异常照射或环境放射性污染事件。发生辐射安全事故，应立即启动事故安全应急预案，及时报告事故的相关情况。具体处置如下：

① 立即通知事故区内的所有人员并撤离无关人员，及时报告给相关部门及负责人。

② 撤离有关工作人员，并在辐射安全专家的指导下开展相关紧急处置行动封锁现场，控制事故源，切断一切可能扩大污染范围的环节，防止事故扩大和蔓延。放射源丢失，要全力追回；放射源脱出，要将放射源迅速转移至容器内。

③ 对可能受放射性核素污染或者损伤的人员，立即采取暂时隔离和应急救援措施，在采取有效个人防护措施的情况下组织人员彻底清除污染，并根据需要实施医学检查和医学处理。

④ 对受照人员要及时估算受照剂量。

⑤ 污染现场未达到安全水平之前，不得解除封锁，将事故的后果和影响控制在最低限度。

第 4 章

实验室化学安全

4.1
化学品安全基础知识

目前世界上大约存在数百万种化学物质，常用的约 7 万种，每年有大约上千种新化学物质问世。可以说现代社会中的每个人都生活在化学物质的包围中，这其中有相当部分的化学物质具有反应性、燃爆性、毒性、腐蚀性、致畸性、致癌性等。若对化学品缺乏安全使用知识，在化学品的生产、储存、操作、运输、废弃物处理中防护不当，则有可能发生损害健康、威胁生命、破坏环境和损毁财产的事故。高等学校实验室中常常会涉及各种危险化学品的使用。学习、掌握危险化学品的知识对预防与化学品相关的实验室事故具有非常必要的作用。

4.1.1 危险化学品的概念和分类

（1）危险化学品的概念

危险化学品是指具有毒害、腐蚀、爆炸、燃烧、助燃等性质，对人体、设施、环境具有危害的剧毒化学品和其他化学品（《危险化学品安全管理条例》中华人民共和国国务院令第 591 号，2011 年）。

（2）危险化学品的分类

我国现行的危险化学品分类标准是《危险货物分类和品名编号》（GB 6944—2012）和《化学品分类和危险性公示通则》（GB 13690—2009），这两个标准在技术内容方面分别与联合国推荐的危险化学品或危险货物分类标准"橙皮书"和"紫皮书"一致（非等效）。"橙皮书"指《联合国关于危险货物运输的建议书规章范本》，英文名称 The UN Recommendations on the Transport of Dangerous Goods，Model Regulations，简称 TDG；"紫皮书"指《全球化学品统一分类和标签制度》，英文名称 Globally Harmonized System of Classification and Labelling of Chemicals，简称 GHS。

《危险货物分类和品名编号》将化学品按其危险性或最主要的危险性划分为 9 个类别的 20 项。这 9 个类别分别为：1—爆炸品；2—气体；3—易燃液体；4—易燃固体、易于自燃的物质、遇水放出易燃气体的物质；5—氧化性物质和有机过氧化物；6—毒性物质和感染性物质；7—放射性物质；8—腐蚀性物质；9—杂项危险物质和物品，包括危害环境物质。图 4.1 为危化品分类标志示意图。

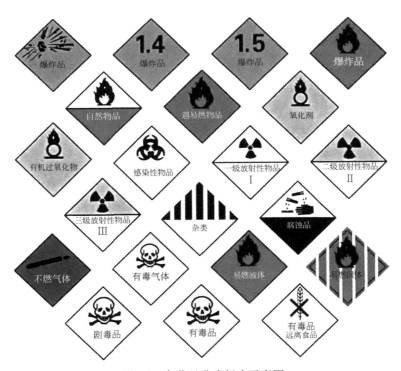

图 4.1　危化品分类标志示意图

《化学品分类和危险性公示通则》按理化危险、健康危险和环境危险将化学物质和混合物分为 29 个危险性类别，具体见表 4.1。

表 4.1　《化学品分类和危险性公示通则》（GB 13690—2009）

理化危险	健康危险	环境危险
爆炸物	急性毒性	危害水生环境
易燃气体	皮肤腐蚀/刺激	急性水生毒性
易燃气溶胶	严重眼损伤/眼刺激	慢性水生毒性
氧化性气体	呼吸或皮肤过敏	
压力下气体	生殖细胞致突变性	
易燃液体	致癌性	
易燃固体	生殖毒性	
自反应物质或混合物	特异性靶器官系统毒性（一次接触）	
自燃液体	特异性靶器官系统毒性（反复接触）	
自燃固体	吸入危险	
自热物质和混合物		
遇水放出易燃气体的物质或混合物		
氧化性液体		
氧化性固体		
有机过氧化物		
金属腐蚀剂		

（3）化学物质的危险特性

化学物质有气、液、固三态，它们在不同状态下分别具有相应的化学、物理、生物、环境方面的危险特性。了解并掌握这些危险特性是进行危害识别、预防、消除的基础。

危险化学品的理化危险性主要体现在易燃性、爆炸性和反应性三方面。

① 易燃性　燃烧是物质与氧化剂发生强烈化学反应并伴有发光发热的现象。物质燃烧的发生需要同时具备三个条件（燃烧三要素）：可燃物（一定浓度的可燃气体或蒸气）、助燃物（氧化气氛，通常为空气）、着火源。

易燃物质是指在空气中容易着火燃烧的物质，包括固体、液体和气体。气体物质不需要经过蒸发，可以直接燃烧。固体和液体发生燃烧需要经过分解和蒸发，生成气体，然后由这些气体成分与氧化剂作用发生燃烧。下面是与物质易燃性相关的重要概念。

闪点。易燃或可燃液体挥发出来的蒸气与空气混合后，遇火源发生一闪即灭的燃烧现象被称作闪燃。发生闪燃的最低温度点称为闪点。闪点是表示易燃液体燃爆危险性的一个重要指标。从消防观点来说，液体闪点是可能引起火灾的最低温度。闪点越低，液体的燃爆危险性越大。

闪点的测试方法有两种，即闭杯闪点和开杯闪点。闭杯闪点的测定原理是把试样装入试验杯中，在连续搅拌下用很慢的、恒定的速度加热试样，在规定的温度间隔，同时中断搅拌的情况下，将一小试验火焰引入杯中，用试验火焰引起试样上的蒸气闪火时的最低温度称为闭杯闪点。开杯闪点测定原理是把试样装入试验杯中，首先迅速升高试样温度，然后缓慢升温，当接近闪点时，恒速升温，在规定的温度间隔，以一个小的试验火焰横着通过试杯，用试验火焰使试样表面上的蒸气发生点火的最低温度称为开杯闪点。一般测得的闭杯闪点值低于开杯闪点。闭杯闪点方法较开杯闪点方法重现性及精密度高。

燃点：着火是指可燃物质在空气中受到外界火源或高温的直接作用，开始起火持续燃烧的现象。物质开始起火持续燃烧的最低温度点称为燃点或着火点。燃点越低，物质着火危险性越大。一般液体燃点高于闪点，易燃液体的燃点比闪点高 $1\sim5\,^\circ\!C$。一闪即灭的火星不一定导致物质持续燃烧。

着火源：凡能引起可燃物质燃烧的能量源统称为着火源（又称点火源）。包括明火、电火花、摩擦、撞击、高温表面、雷电等。

自燃点：自燃是指可燃物质在没有外部火花、火焰等点火源的作用下，因受热或自身发热并蓄热所产生的自行燃烧。使某种物质发生自燃的最低温度就是该物质的自燃点，也叫自燃温度。

助燃物：大多数燃烧发生在空气中，助燃物是空气中的氧气。但对由氧化剂驱动的还原性物质发生的燃烧和爆炸，氧气不一定是必需的。可作为助燃物的气体物质还可以是氯气、氟气、一氧化二氯等。液溴、过氧化物、硝酸盐、氯酸盐、溴酸盐、高氯酸盐、高锰酸盐等都可以作为助燃物。

从上述知识可知，阻止可燃物和点火源共存是消除火灾危险性的最好方法。有时阻止易燃液体向空气中挥发比较困难，这时严格控制点火源则是控制危险的最好措施。

② 爆炸性　爆炸是指化合物或混合物在热、压力、撞击、摩擦、声波等激发下，在极短时间内释放出大量能量，产生高温，并放出大量气体，在周围介质中造成高压的化学反应或物理状态变化。通常爆炸会伴随有强烈放热、发光和声响的效应。爆炸生成的高温高压气体会对它周围的介质做机械功，从而导致猛烈的破坏作用。下面是有关爆炸的一些重要概念。

物理爆炸：物理爆炸是由物理变化（温度、体积和压力等因素）引起的，在爆炸的前后，爆炸物质的性质及化学成分均不改变。如高压气体爆炸、水蒸气爆炸等。

爆炸性混合物爆炸及爆炸极限：可燃气体、可燃液体蒸气或可燃固体粉尘与空气混合后，其相对组成在一定范围内时，会形成爆炸性混合物，遇点火源（如明火、电火花、静电等）即发生爆炸。把爆炸性混合物遇到着火源能够发生燃烧爆炸的浓度范围称为爆炸浓度极限（又称燃烧极限），该范围的最低浓度称为爆炸下限（LEL），最高浓度称为爆炸上限（UEL）。浓度低于爆炸下限，通到明火既不会燃饶，又不会爆炸；高于爆炸上限，不会爆炸，但是会燃烧；只有在下限和上限之间时才会发生爆炸。可燃气体、易燃液体蒸气的爆炸极限一般可用其在混合物中的体积分数来表示。可燃粉尘的爆炸极限用 g/m^3 来表示，由于可燃粉尘的爆炸上限很高，一般达不到，所以通常只标明爆炸下限。爆炸下限小于 10% 或爆炸上限和下限之差大于等于 20% 的物质，一般称为易燃物质。当温度升高或空气中的氧含量增加时，爆炸浓度范围会变宽，其他组分的存在（如惰性气体等）也会影响其范围。

爆炸性物质爆炸：爆炸性物质爆炸是指易于分解的物质，由于加热或撞击而分解，产生突然气化、放热的分解爆炸。爆炸性物质较爆炸性混合物爆炸时反应速度更快、压力更大、温度更高、机械功更大，其破坏力也更大。爆炸性物质爆炸可分为简单分解爆炸和复杂分解爆炸两种。引起简单分解爆炸的爆炸物在爆炸时并不一定发生燃烧反应，爆炸所需的热量是由爆炸物质本身分解时产生的。如：叠氮铅、乙炔银、乙炔铜、碘化氮、氯化氮等，这些物质具有直接分解生成其组成元素的稳定单质的爆炸现象。这类物质是非常危险的，受轻微震动即引起爆炸。复杂分解爆炸的危险性较简单分解爆炸低，物质在爆炸时伴有燃烧现象，燃烧所需的氧由本身分解供给。构成炸药的物质发生的即是复杂分解爆炸，如硝酸酯类、含多个硝基的化合物、重金属的高氯酸盐等。

③ 反应性

与水反应的物质：与水反应的物质是指那些和水反应剧烈的物质。例如碱金属、许多有机金属化合物及金属氢化物等，这些物质与水反应放出的氢气和空气中的氧气混合发生燃烧、爆炸。另外无水金属卤化物（如三氯化铝）、氧化物（如氧化钙），非金属化合物（如三氧化硫）及卤化物（如五氯化磷）会与水反应放出大量的热，造成危害。

发火物质：发火物质指即使只有少量物质与氧气或空气接触短暂时间（一般指不到 5min）便能燃烧的物质，如金属氢化物、活性金属合金、低氧化态金属盐、硫化亚铁等。

自反应物质：自反应物质指即使没有氧气（空气）也容易发生激烈的放热分解反应的不稳定物质或混合物。

不相容的化学品：一些化学物质一旦混合就会发生剧烈反应，引起爆炸或释放高毒物质，或者二者皆有之。这些物质一定要分开存放，避免混存。氧化剂一定要与还原剂分开存放，即使其氧化性或还原性不强。例如：强还原物质钾、钠常用来去除有机溶剂中痕量的水，但却不能用于去除卤代烷烃中的水，因为虽然卤代烷烃的还原性很弱，但仍会和钾、钠剧烈反应。正是这个原因，所以不能用卤代烷烃灭火器灭除钾、钠火灾。

4.1.2 气体

（1）定义和分类

属于危险化学品的气体符合下述两种情况之一：①在 50℃时其蒸气压力大于 300kPa 的物质；②20℃时在 101.3kPa 压力下完全是气态的物质。本类危险化学品包括压缩、液化或加压溶解的气体和冷冻液化气体，一种或多种气体与一种或多种其他类别物质的蒸气的混合物，充有气体的物品和气雾剂。

按危险特性可将本类化学品分为易燃气体、有毒气体和非易燃无毒气体三类。

① 易燃气体　易燃气体指在 20℃时在 101.3kPa 下与空气的混合物中体积分数占 13%或更少时可点燃的气体；或不论易燃下限如何，与空气混合，燃烧范围的体积分数至少为 12%的气体。此类气体极易燃烧，与空气混合能形成爆炸性混合物，在常温常压下遇明火、高温即会发生燃烧或爆炸。实验室中常见的可燃性气体包括氢气、甲烷、乙烷、乙烯、丙烯、乙炔、环丙烷、丁二烯、一氧化碳、甲醚、环氧乙烷、乙醛、丙烯醛、氨、乙胺、氰化氢、丙烯腈、硫化氢、二硫化碳等。

② 有毒气体　有毒气体指具有毒性或腐蚀性，会对人类健康造成危害的气体。常见的有毒气体有光气、溴甲烷、氰化氢、磷化氢、氟化氢、氧化亚氮等。

③ 非易燃无毒气体　本类气体是指在 20℃时在不低于 280kPa 压力下的压缩或冷冻的非上述两类气体的其他气体，包括窒息性气体和氧化性气体。这类气体中的氧化性气体指能提供比空气更能引起或促进气体材料燃烧的气体（如纯氧等）为助燃气体，遇油脂能发生燃烧或爆炸。窒息性气体则会稀释或取代空气中的氧气，在高浓度时对人有窒息作用，如氮气、二氧化碳、惰性气体等。

（2）危险特性

① 膨胀爆炸性　由于压缩气体和液化气体是把气体经高压压缩储藏于钢瓶内，无论是哪类气体处于高压下时，它们在受热、撞击等作用下均易发生物理爆炸。

② 易燃易爆性　在常用的压缩气体和液化气体中，超过半数是易燃气体。与易燃液体、固体相比，易燃气体更易燃烧，燃烧速度快，着火爆炸危险性大。

③ 健康危害性　本类中的绝大多数气体对人体健康具有危害性，如毒性、刺激性、腐蚀性或窒息性。

④ 氧化性　危险气体中很多具有氧化性，包括含氧的气体，如氧气、压缩

空气、臭氧、一氧化二氮、二氧化硫、三氧化硫等；还包括不含氧的气体，如氯气、氟气等。这些气体遇到还原性气体或物质（如多数有机物、油脂等）易发生燃烧爆炸。在储存、运输和使用中要将这些气体与其他可燃气体分开并远离有机物。

⑤ 扩散性　气体由于分子间距大，相互作用力小，所以非常容易扩散。比空气轻的气体在空气中容易扩散，易与空气形成爆炸性混合物；比空气重的气体往往沿地面扩散，聚集在沟渠、隧道、房屋角落等处，长时间不散，遇着火源发生燃烧或爆炸。

（3）实验室常见气体及性质

① 氧气　氧气是强烈的助燃气体，高温下纯氧十分活泼；温度不变而压力增加时，可以和油类发生急剧的化学反应，并引起发热自燃，进而产生强烈爆炸。氧气瓶一定要防止与油类接触，瓶身严禁沾染油脂，并要绝对避免让其他可燃性气体混入，禁止用（或误用）盛其他可燃性气体的气瓶来充灌氧气。氧气瓶禁止放于阳光暴晒的地方，应储存在阴凉通风处，远离火源，避免阳光直射。

② 氢气　氢气密度小，易泄漏，扩散速度很快，易和其他气体混合。氢气与空气的混合气极易引起自燃自爆，燃烧速度约为 2.7m/s。在高压条件下的氢和氧，能够直接化合，因放热而引起爆炸；高压氢、氧化合气体冲出容器时，由于摩擦发热，或者产生静电火花，也可能引起爆炸。氢气应单独存放，最好放置在室外专用的小屋内，以确保安全，严禁放在实验室内，严禁烟火。

4.1.3　易燃液体

（1）定义和分类

易燃液体是指闭杯闪点小于或等于 60℃时放出易燃蒸气的液体或液体混合物溶液或悬浮液中含有固体的液体。

易燃液体的分类标准较多，《化学品分类和标签规范　第 7 部分：易燃液体》（GB 30000.7—2013）将易燃液体按其闪点划分为以下 4 类：

① 第 1 类（极易燃液体和蒸气），闭杯闪点小于 23℃且初沸点不大于 35℃，如乙醚、二硫化碳等；

② 第 2 类（高度易燃液体和蒸气），闭杯闪点小于 23℃且初沸点大于 35℃，如甲醇、乙醇等；

③ 第 3 类（易燃液体和蒸气），闭杯闪点不小于 23℃且初沸点不大于 60℃，如航空燃油等；

④ 第 4 类（可燃液体），闭杯闪点大于 60℃且初沸点不大于 93℃，如柴油等。

（2）易燃液体危险特性

① 易燃性　易燃液体的闪点低，其燃点也低（高于闪点 1～5℃），在常温下接触火源极易着火并持续燃烧。易燃液体燃烧是通过其挥发的蒸气与空气形成可燃混合物，达到一定的浓度后遇火源而实现的，实质上是液体蒸气与氧发生的氧化反应。由于易燃液体的沸点都很低，很容易挥发出易燃蒸气，其着火所需的能量极小，因此，易燃液体都具有高度的易燃性。

② 蒸气的爆炸性　多数易燃液体沸点低于 100℃，具有很强挥发性，挥发出的蒸气易与空气形成爆炸性混合物，当蒸气与空气的比例在爆炸极限范围内时，遇火源会发生爆炸。挥发性越强的易燃液体，其爆炸危险性就越大。

③ 热膨胀性　易燃液体和其他液体一样，也有受热膨胀性。储于密闭容器中的易燃液体受热后，体积膨胀，蒸气压力增加，若超过容器的压力限度，就会造成容器膨胀，发生物理爆炸。因此，盛放易燃液体的容器必须留有不少于 5%的空间，并储存于阴凉处。

④ 流动性　易燃液体的黏度一般都很小，本身极易流动。同时还会通过渗透、浸润及毛细现象等作用，沿容器细微裂纹处渗出容器壁外，并源源不断地挥发，使空气中的易燃液体蒸气浓度升高，增加了燃烧爆炸的危险性。

⑤ 静电性　多数易燃液体是有机化合物，是电的不良导体，在灌注、输送、流动过程中能够产生静电。当静电积聚到一定程度时就会放电，引起着火或爆炸。

⑥ 毒害性　易燃液体大多本身（或蒸气）具有毒害性。一般不饱和、芳香族烃类和易蒸发的石油产品比饱和的烃类、不易挥发的石油产品的毒性大。一些易燃液体还具有麻醉性，如乙醚，长时间吸入会使人失去知觉，发生其他灾害事故。

（3）实验室中常见易燃液体

① 乙醚　乙醚的分子式是 $(C_2H_5)_2O$，是无色透明液体，有特殊刺激气味，带甜味，极易挥发，易燃，低毒，闪点-45℃，沸点 34.6℃，是一种用途非常广泛的有机溶剂，具有麻醉作用，可作为麻醉药使用。纯度较高的乙醚不可长时间敞口存放，否则其蒸气可能引来远处的明火起火。乙醚在空气的作用下被氧化成过氧化物、醛和乙酸，光能促进其氧化。蒸馏乙醚时不可蒸干，蒸发残留物中的过氧化物加热到 100℃以上时能引起强烈爆炸。乙醚与硝酸、硫酸混合会发生猛烈爆炸，曾发生过用盛放乙醚的试剂空瓶装浓硝酸发生爆炸的事故。应将乙醚储于低温通风处，远离火种、热源，与氧化剂、卤素、酸类分储。

② 丙酮　丙酮的分子式是 C_3H_6O，也称作二甲基酮。是无色液体，有特殊

气味，辛辣甜味，易挥发，易燃，闪点-20℃，沸点 56.05℃，能溶解醋酸纤维和硝酸纤维，低毒，属易制毒化学品。丙酮反应活性高，其蒸气与空气可形成爆炸性混合物，遇明火、高热极易燃烧爆炸，与氧化剂能发生强烈反应。其蒸气比空气重，能在较低处扩散到相当远的地方，遇火源会着火回燃。若遇高热，容器内压增大，有开裂和爆炸的危险。丙酮应储存于密封的容器内，置于阴凉干燥且通风良好处，远离热源、火源和有禁忌的物质。

③ 甲苯　　甲苯的分子式是 $C_6H_5CH_3$，是一种无色带特殊芳香气味的易挥发液体，闪点 4.4℃，沸点 110.63℃，易燃，低毒，高浓度的蒸气有麻醉性、刺激性。其蒸气与空气可形成爆炸性混合物，遇明火、高热能引起燃烧爆炸，由于其蒸气比空气重，因此能在较低处扩散到相当远的地方，遇火源会着火回燃。能与氧化剂发生强烈反应。流速过快容易产生和积聚静电。甲苯是芳香族烃类的一员，很多性质与苯相似，常常代替苯作为有机溶剂使用；是一种常用的化工原料，同时也是汽油的一个组成成分。应储存于阴凉、通风的库房，远离火种、热源，与氧化剂分开存放。

4.1.4　氧化性物质和有机过氧化物

（1）氧化性物质

氧化性物质是指本身不一定可燃，但通常能分解放出氧或起氧化反应而可能引起或促进其他物质燃烧的物质。氧化性物质具有较强的获得电子能力，有较强的氧化性，又称氧化剂，对热、震动或摩擦较敏感，遇酸碱、高温、震动、摩擦、撞击、受潮或与易燃物品、还原剂等接触能迅速反应，引发燃烧、爆炸危险，与松软的粉末状可燃物能组成爆炸性化合物。

凡品名中有"高""重""过"字，如高氯酸盐、高锰酸盐、重铬酸盐、过氧化物等都属于氧化剂。此外，碱金属和碱土金属的氯酸盐、硝酸盐、亚硝酸盐、高氧化态金属氧化物以及含有过氧基（—O—O—）的无机化合物也属于此类物质。

（2）有机过氧化物

有机过氧化物是指分子组成中含有过氧基（—O—O—）的有机物质。该类物质为热不稳定物质，可能发生放热的自加速分解。所有的有机过氧化物都是热不稳定的，易分解，并随温度升高分解速度加快。本身易燃、易爆、极易分解，对热、震动和摩擦极为敏感。具有较强的氧化性，遇酸、碱、还原剂可发生剧烈的氧化还原反应，遇易燃品则有引起燃烧、爆炸的危险。分子中的过氧键一般不稳定，有很强的氧化能力，容易发生断裂生成两个 RO·，可引发自由基反应，其蒸气与空气会形成爆炸性的混合物。过氧键对重金属、光、热和胺类敏感，能发生爆炸性的自催化反应。有些有机过氧化物只有腐蚀性，尤其对眼睛。常见的有机过氧化物有过氧化二苯甲酰、过氧化二异丙苯、叔丁基过氧化物、过氧化苯甲酰、过甲酸、过氧化环己酮等。

（3）危险特性

① 强氧化性　氧化剂和有机过氧化物的突出特性是具有较强的获得电子能力，即强的氧化性、反应性。无论是无机过氧化物还是有机过氧化物，结构中的过氧基都易分解释放出原子氧，因而具有强的氧化性。氧化剂中的其他物质则分别含有高氧化态的氯、溴、碘、氮、硫、锰、铬等元素，这些高氧化态的元素具有较强的获得电子能力，显示强的氧化性。在遇到还原剂、有机物时会发生剧烈的氧化还原反应，引起燃烧、爆炸，放出反应热。

② 易分解性　氧化剂和有机过氧化物均易发生分解放热反应，引起可燃物的燃烧爆炸。尤其是有机过氧化物本身就是可燃物，易发生放热的自加速分解而迅速燃烧、爆炸。

③ 燃烧爆炸性　氧化剂多数本身是不可燃的，但能导致或促进可燃物燃烧。有机过氧化物本身是可燃物，易着火燃烧，受热分解后更易燃烧爆炸。有机过氧化物比无机氧化剂具有更大的火灾危险性。同时两者的强氧化性使之遇到还原剂和有机物会发生剧烈反应引发燃烧爆炸。一些氧化剂遇水易分解放出氧化性气体，遇火源可导致可燃物燃烧。多数氧化剂和有机过氧化物遇酸反应剧烈，甚至会发生爆炸，尤其是碱性氧化剂，如过氧化钠、过氧化二苯甲酰等。

④ 敏感性　多数氧化剂和有机过氧化物对热、摩擦、撞击、震动等极为敏感，受到外界刺激极易发生分解、爆炸。

⑤ 腐蚀毒害性　一些氧化剂和有机过氧化物具有不同程度的毒性、刺激性和腐蚀性，如重铬酸盐，既有毒性又会灼伤皮肤，活泼金属的过氧化物则具有较强的腐蚀性。多数有机过氧化物具有刺激性和腐蚀性，容易对眼角膜和皮肤造成伤害。

（4）实验室中常见氧化性物质和有机过氧化物

① 过氧化氢　过氧化氢化学式为 H_2O_2，是除水外的另一种氢的氧化物，一般以 30%或 60%的水溶液形式存放，其水溶液一般称为双氧水。过氧化氢有很强的氧化性，且具有弱酸性。低浓度的双氧水可用于消毒，浓的双氧水具有腐蚀性，其蒸气或雾会对呼吸道产生强烈刺激，眼睛直接接触可致不可逆损伤甚至失明，口服中毒则会导致多种器官损伤，长期接触可导致接触性皮炎。过氧化氢在 pH 值为 3.5～4.5 时最稳定。碱性条件、重金属（如铁、铜、银、铅、汞、锌、钴、镍、铬、锰等）的氧化物或盐、粉尘、杂质、强光照等都会诱发、

催化其分解。当遇到有机物，如糖、淀粉、醇类、石油产品等物质时会形成爆炸性混合物，在撞击、受热或电火花作用下能发生爆炸。过氧化氢应储存于密封容器中，置于阴凉、避光、清洁、通风处，远离火源、热源，避免撞击、倒放。应与易燃或可燃物、还原剂、碱类、金属粉末等分开存放，避免与纸片、木屑等接触。

② 过氧化二苯甲酰　过氧化二苯甲酰化学式为 $[C_6H_5C(O)O]_2$，简称 BPO，是一种有机过氧化物，强氧化剂，白色结晶，有苦杏仁气味，熔点 103～106℃（分解），溶于苯、氯仿、乙醚、丙酮、二硫化碳，微溶于水和乙醇。性质极不稳定，摩擦、撞击、明火、高温、硫及还原剂，均有引起爆炸的危险。对皮肤有强烈的刺激作用，刺激黏膜。储存时应注入 25%～30%的水，避免光照和受热，勿与还原剂、酸类、醇类、碱类接触。

4.1.5　腐蚀性物质

（1）定义和分类

腐蚀性物质指通过化学作用使生物组织接触时造成严重损伤，或在渗漏时严重损害甚至毁坏其他物质或运载工具的物质。《危险货物分类和品名编号》（GB 6944—2012）将腐蚀性轻度危险性的物质和制剂界定为：①使完好皮肤组织在暴露超过 60min、但不超过 4h 之后开始的最多 14d 观察期内全厚度损毁的物质；②被判定不引起完好皮肤组织全厚度损毁，但在 55℃试验温度下，对钢或铝的表面腐蚀率超过 6.25mm/a 的物质。

腐蚀性物质按化学性质分为三类：酸性腐蚀品、碱性腐蚀品和其他腐蚀品。

① 酸性腐蚀品　酸性腐蚀品如硝酸、硫酸、氢氟酸、氢溴酸、高氯酸、王水（由 1 体积的浓硝酸和 3 体积的浓盐酸混合而成）、乙酸酐、氯磺酸、三氧化硫、五氧化二磷、酰氯等。

② 碱性腐蚀品　碱性腐蚀品如氢氧化钠、氢氧化钙、氢氧化钾、硫氢化钙、硫化钠、烷基醇钠类、水合肼、有机胺类及有机铵盐类等。

③ 其他腐蚀品　其他腐蚀品如氟化铬、氟化氢铵、氟化氢钾、二氯乙醛、氯甲酸苄酯、苯基二氯化磷等。

（2）危险特性

① 强烈的腐蚀性　腐蚀性物质的化学性质比较活泼，能和很多金属、有机化合物、动植物机体等发生化学反应，从而灼伤人体组织，对金属、动植物机体、纤维制品等具有强烈的腐蚀作用。腐蚀品中的酸能与大多数金属反应，溶

解金属，还能和非金属发生作用。腐蚀品中的强碱也能腐蚀某些金属和非金属。

② 毒性　多数腐蚀品有不同程度的毒性，有的还是剧毒品，如氢氟酸、重铬酸钠等。

③ 易燃性　许多有机腐蚀物品都具有易燃性，这是由它们本身的组成和分子结构决定的。如冰醋酸、甲酸、苯甲酰氯、丙烯酸等接触火源时会引起燃烧。

④ 氧化性　腐蚀品中有些物质具有很强的氧化性，其中多数是含氧酸和酸酐。如浓硫酸、硝酸、氯酸、高锰酸、铬酸酐等。当强氧化性的腐蚀品接触木屑、食糖、纱布等可燃物时，会发生氧化反应，引起燃烧、爆炸。

（3）实验室中常见腐蚀品

① 硫酸　硫酸是一种无色透明黏稠的油状液体，难挥发，在任何浓度下与水都能混溶并且放热，常用的浓硫酸中 H_2SO_4 的质量分数为 98.3%，沸点 338℃，密度 1.84g/cm³，物质的量浓度为 18.4mol/L。硫酸具有非常强的腐蚀性，高浓度的硫酸不仅具有强酸性，还具有脱水性和强氧化性，会与蛋白质及脂肪发生水解反应并造成严重化学性烧伤。还会与糖类发生高放热性脱水反应并将其炭化，造成二级火焰性灼伤，因此会对皮肤、黏膜、眼睛等组织造成极大刺激和腐蚀作用。硫酸具有强氧化性，与易燃物（如苯）和有机物（如糖、纤维素等）接触会发生剧烈反应，甚至引起燃烧。能与一些活性金属粉末发生反应，遇水大量放热，可发生沸溅。存储时应保持容器密封，储存于阴凉、通风处，与易（可）燃物、还原剂、碱类、碱金属、食用化学品分开存放。图 4.2 为硫酸实物图。

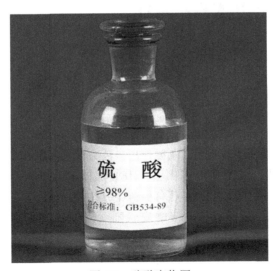

图 4.2　硫酸实物图

② 氢氧化钠　氢氧化钠（NaOH），白色颗粒或片状固体，其水溶液无色透明、有涩味和滑腻感，呈强碱性，俗称烧碱。纯氢氧化钠有吸湿性，易吸收空气中的水分和二氧化碳，常用作碱性干燥剂。溶于水、乙醇，或与酸混合时产生剧热。能与许多有机、无机化合物起化学反应。具有强烈的刺激性和腐蚀性。其粉尘或烟雾会刺激眼和呼吸道，腐蚀鼻中黏膜，皮肤和眼睛与氢氧化钠直接接触会引起灼伤，误服可造成消化道灼伤、黏膜糜烂、出血和休克。氢氧化钠能够与玻璃发生缓慢的反应，生成硅酸钠，因此固体氢氧化钠一般不用玻璃瓶装，装氢氧化钠溶液的试剂瓶应使用胶塞。图 4.3 为氢氧化钠实物图。

图 4.3　氢氧化钠实物图

③ 氯磺酸　氯磺酸（$ClSO_3H$）为无色油状液体，熔点-80℃，沸点 152℃，属酸性腐蚀品。氯磺酸很容易水解，与空气中的水蒸气也能反应生成酸雾并放出大量的热。若在容器中漏入水就会发生剧烈反应，甚至使容器炸裂。若与多孔性或粉末状的易燃物质接触，会引起燃烧。氯磺酸不仅对金属有强烈的腐蚀作用，而且对眼睛也有强烈的刺激作用，还会侵蚀咽喉和肺部。

④ 氢氟酸　氢氟酸是氟化氢（HF）气体的水溶液，为无色透明有刺激性气味的发烟液体。氢氟酸具有极强的腐蚀性，能强烈地腐蚀金属、玻璃和含硅的物质。吸入蒸气或接触皮肤则会造成难以治愈的灼伤，民间称其为"化骨水"。有剧毒，最小致死量（大鼠，腹腔）为 25mg/kg。存放时需要放在密封的塑料瓶中保存于阴凉处，取用时需对人体实施全面防护。图 4.4 为氢氟酸实物图。

图 4.4　氢氟酸实物图

4.1.6　危险化学品防护信息来源

化学试剂的标签能以最简洁易读的形式提供试剂的基本信息，包括危险性及防护措施。因此在使用试剂前，一定要重视并认真阅读化学试剂标签。

2013 年 10 月 1 日起，我国全面执行《化学试剂包装及标志》(GB 15346—2012)标准来规范、统一我国的化学试剂包装及标志。GB 15346—2012 规定了化学试剂包装及标志的技术要求、包装验收、储存与运输。该标准不适用于金属-氧化物-半导体（MOS）试剂、临床试剂、高纯试剂和精细化工产品等的包装。按该规定，化学试剂标签内容将包括下述 13 条内容：品名（中、英文）；化学式或示性式；原子量或分子量；质量级别；技术要求；产品标准号；生产许可证号；净含量；生产批号或生产日期；生产厂厂名及商标；危险品按 GB 13690—2009 的规定给出标志图形，并标注"向生产企业索要安全技术说明书"；简单性质说明、警示和防范说明及 GB 15258—2009 的其他规定；要求注明有效期的产品，应注明有效期。

4.1.7　危险化学品的购买、存储与管理安全

（1）订购化学品的注意事项

订购化学药品时，应该谨慎。购买化学药品不仅是经济问题，还是一个安全、环保，甚至涉及法律的问题。在购买前应该考虑如下事项。

① 该药品是否是实验必需的，能否用更安全、低毒的药品替换。

② 本实验室或课题组中是否还有未用的该药品。查找一下，或者询问药品管理员或其他同学，尽量避免重复购买。

③ 满足实验需要的最小剂量是多少。不要购买多余的药品，无用的药品不仅占用空间，还可能成为实验室的危险废物。

④ 了解该化学药品的基本物理化学性质及安全特性以及储存和防护措施。本实验室是否具有存储条件和防护设备。

⑤ 需要购买的药品是否属于易制毒、剧毒或爆炸品。国家对这三类化学品的生产、经营、购买、运输和进口、出口实行分类管理和许可制度，购买时应严格按国家法津、法规执行。

⑥ 购买渠道是否正规。不要通过非正规渠道购买化学药品，否则出现质量问题或经济纠纷，不受法律保护。

⑦ 实验产生的废物的性质和正确处置的方法。

⑧ 在电脑中建立本实验室化学品的购买、库存及使用情况跟踪系统。记录好每一种药品的名录、规格、购买渠道、储存位置、使用情况等，并将药品的危险特性及可能发生的事故的应急预案输入系统内。

（2）危险化学品的存储注意事项

① 化学药品存放基本原则　使用专门的架子或储物设备存放药品，这些装置、设备应该足够结实、牢固。每种药品都有固定的存放位置，药品用后必须将盖子盖好并及时放回原处。避免在高于1.5m的架子上存放药品，重的药品不要放在高处。禁止在出口，通道，桌子、柜子等下面以及紧急设备区域存放药品。所有化学试剂或化学品容器必须贴有标签，摆放整齐，标签上注明购买日期及使用者名字。自配药品要标示其化学品名称、浓度、潜在危险性、配制日期及配制者名字。将药品分类存放，禁止将易发生反应的和不相容的化学药品存放在一起。一般化学试剂应保存在通风良好、干净、干燥、避光之处，要远离热源。将挥发性、有毒或有特殊气味的药品存放在通风橱中。爆炸品应单独存放，远离火源、热源，避光。易燃试剂与易爆试剂必须分开存放，放于阴凉、通风、避光处。剧毒品、易制毒品、爆炸品要严格执行"五双"管理制度，存放在保险柜内。腐蚀性药品应存放在指定容器中，最好在容器外增加辅助储存容器或设施，如托盘、塑料容器等，防止药品容器打碎时，腐蚀物外溢、泄漏。储存时，应置于阴凉、干燥、通风之处，远离火源。腐蚀玻璃的试剂应保存在塑料瓶等耐腐蚀容器中。吸水性强的试剂应严格密封（蜡封）。经常检查药品存储状况，存储危险药品的设备应由专人管理并定期检查。

② 冷藏、冷冻保存化学药品的注意事项　存储化学药品的冰箱只能用于储存药品，不得与生活用品、食品混放。用防水标签对每种药品做好标记，包括

组成，使用者，存放、使用或配制日期，危害性等。不得将易燃液体放入普通冰箱中保存。若易燃液体药品的存储有冷藏要求时，必须使用防爆冰箱，同时不得存入氧化剂和高活性物质。盛放药品的所有容器必须牢固、密封，必要时增加辅助存放容器。将冰箱内药品的目录及存放人，按照序列表打印出来，贴在冰箱外部易看见的地方。定期清理冰箱，保持冰箱整洁、干净。及时清除没有标签、未知的或不用的药品。

③ 易燃物质的存放　实验室中不得大量存放易燃液体。易燃液体不得敞口存放，在存放及使用过程中必须保证通风良好。易燃液体存储时，要远离强氧化剂，如硝酸、重铬酸盐、高锰酸盐、氯酸盐、高氯酸盐、过氧化物等，远离着火源。特别需要注意的是：比空气重的易燃液体蒸气可能引来远处的明火。如果条件允许，使用专业的易燃液体存储柜存放易燃液体。

④ 高反应活性物质的存放　存放前，务必查阅该物质的化学品安全说明书（MSDS），用适合的容器存放。存放尽可能少的量，仅够完成当前实验需要的量即可。一定要及时做好标记，贴好标签。不要打开盛放过期高反应活性物质的容器，把它交由专门的化学品废物处理机构处理。不要打开出现结晶或沉淀的有机过氧化物液体或能够在空气中氧化形成过氧化物的容器，查阅其处理方法后再小心处理，把它作为高危险性的化学品废物处理。分开存储下列试剂：氯化剂与还原剂；强还原剂与易被还原的物质。自燃物质要远离火源，高氯酸要远离还原剂。存放高活性液体物质的试剂瓶不能过满，要留一定的空间。用陶瓷或玻璃试剂瓶存放高氯酸。过氧化物要远离热源和火源。遇湿易燃物质的包装必须严密，不得破损，存储时远离水槽，且不得与其他类别的危险品混放。将对热不稳定的物质存储在安装有过温控制器和备用电源的防爆冰箱中。将高敏感物质或爆炸品存储在耐燃防爆型存储柜中。定期检测过氧化物，及时处理过期的过氧化物。酸应存储在玻璃瓶中（氢氟酸不可放在玻璃瓶中，应存放在塑料瓶中），并且与其他试剂分开存放。对于特别危险的物质，其存储区应用警示语标明，以示提醒。

4.1.8　化学品的安全管理

（1）化学药品跟踪系统

化学药品跟踪系统是记录实验室中每一种化学药品从购买、库存、使用，直至废弃处理情况的信息库，通过该系统可以科学地管理实验室中的化学药品。化学药品跟踪系统可以采用索引卡构建。现在更通用的形式是用计算机建立起电子数据库，更方便检索、跟踪药品的情况。

一般化学药品跟踪系统由下面的内容信息构成：印在药品容器上的化学品名称；该化学品其他的名称，特别是在 MSDS 中的名称；分子式；美国化学摘要服务社（CAS）索引号；购入日期；供货商；药品容器性状；危险特性（危险性、防护方法、应急预案等）；需要的存储条件；存储具体位置（房间号、药品柜号、货架号）；药品有效期；药品数量；购买者、使用者及使用日期。

建立该系统时，每一瓶药品都应在系统中对应一个唯一的检索号，并且要根据使用情况，及时更新药品信息。

（2）"五双"管理制度与剧毒、易制毒和爆炸品的管理

剧毒、易制毒和爆炸品是国家管制类化学药品，这类化学品的购买、保存及使用需要严格按国家法律、法规进行。在管理中实行"五双"管理制度：双人领取、双人使用、双人管理、双把锁、双本账。具体流程如下。

① 购买　课题负责人提出申请—院主管领导签字、盖学院公章—校分管部门（校保卫处或资产处）审批—归管公安局审批—批准后到指定供应商处购买。

② 登记、保管　购回药品统一交由指定老师登记、保管。保管时实行双人双锁制，即药品保管时需专设两人同时管理；药品需设专柜保存，且药品柜上两把锁，钥匙分别由两位保管人掌管。爆炸品需存入专业的阻燃防爆柜中，柜上也需上两把锁。

③ 领用　药品出入柜时，两位保管人均需在场监督签发，且需建立专用的登记本，记录化学品的存量、发放量及使用人姓名、用途等，随时做到账物相符，使用后的化学品应及时存回保险柜中。领取剧毒化学品的人员，要注意安全，必须配置防护用具，使用专用工具取用。

④ 检查　剧毒与易制毒化学品要定期检查，防止因变质或包装腐蚀损坏等造成的泄漏事故。

⑤ 废物处理　过期药品及实验废弃物应集中保存，统一由环保部门认可的单位处理，严禁乱扔乱放。销毁剧毒物品（包括包装用具）时，须经过处理使其毒性消失，以免造成环境污染。

⑥ 其他　管制类药品使用者必须是单位正式员工、学生，临时人员不得取用；药品使用人不得将药品私自转让、赠送、买卖。

4.1.9　危险化学品的个人防护与危害控制

（1）危险化学品的个人防护

为了降低实验室人身伤害事故的发生概率，降低实验风险，每位实验人员

都需要做好个人防护。做好个人防护，不仅需要正确选用和穿戴防护用品，还需要养成良好的实验习惯。

① 眼睛防护　用于眼睛的防护用品有防护眼罩、防护眼镜和防护面罩。

防护眼罩：可以防止有毒气体、烟雾、飞溅的液体、颗粒物及碎屑对眼睛的伤害。化学实验过程中要求实验者必须佩戴防护眼罩。

防护眼镜：镜片采用能反射或吸收辐射线，且能透过一定可见光的特殊玻璃制成。用于防御紫外线或强光等对眼睛的危害，如防辐射护目镜和焊接护目镜等。

防护面罩：当需要整体考虑眼睛和面部同时防护的需求时可使用防护面罩，如防酸面罩、防毒面罩、防热面罩和防辐射面罩等。

需要注意的是，普通眼镜不能起到可靠的防护作用，实验过程中需额外佩戴防护眼罩。另外，不要在化学实验过程中佩戴隐形眼镜。

② 手部防护　防护手套按用途可分为化学防护手套、高温耐热手套、防辐射手套、低温防护手套、焊接手套、绝缘手套、机械防护手套等。由于各种化学物质对相应材质的手套具有不同的渗透能力，因此化学防护手套又有多个品种。下面介绍几种实验室常用的化学防护手套。

天然橡胶手套：材料为天然橡胶，柔曲性好，富有弹性，佩戴舒适，具备较好的抗撕裂、刺穿、磨损和切割的性能，广泛用于实验室中。橡胶手套对水溶液，如酸、碱、盐的水溶液具有良好的防护作用。但不能接触油脂和烃类的衍生物，接触后会发生膨胀降解而老化。天然橡胶中含有可能引起过敏反应的乳胶蛋白，不能很好地适合每一位使用者。

一次性乳胶手套：基本材质同天然橡胶手套，采用无粉乳胶加工而成，无毒、无害；拉力好，贴附性好，使用灵活；表面化学残留物低，离子含量低，颗粒含量少，适用于严格的无尘室环境。常用于生物医药、医疗、精密电子、食品行业。一次性乳胶手套也含有可能引起过敏反应的乳胶蛋白。

聚乙烯（PE）手套：又称一次性 PE 手套，是采用聚乙烯吹膜压制而成的一次性透明薄膜手套。可左右手混用，具有无毒、防水、防油污、防细菌、抗菌、耐酸、耐碱的特性，使用起来非常方便，但不耐磨损。广泛用于化验检验、餐饮、食品、卫生、家庭清洁、机械园艺等。

氯丁橡胶防化手套：氯丁橡胶的防酸、酒精、溶剂、酯、油脂和动物油的性能非常好，也能抗撕裂、刺穿、磨损和切割，且不含可能引起过敏反应的乳胶蛋白。氯丁橡胶手套防化、抗老化性能出色，广泛用于化学、化工、石油等涉化行业，是天然橡胶和乙烯基手套的有效替代产品。

丁腈橡胶手套：丁腈橡胶手套的防酸、碱、溶剂、酯、油脂和动物油的性能非常好,对烃类的衍生物耐受性也很强。手套的防撕裂、刺穿、磨损和切割的性能要比氯丁橡胶和聚乙烯好,且不含可能引起过敏反应的乳胶蛋白。丁腈手套是最有效的天然橡胶、乙烯基和氯丁橡胶手套的替代产品。

氟橡胶防化手套:氟化的聚合物。基底类似于特氟龙(聚四氟乙烯)类,其表面活化能低,所以液滴不会停留在表面,可防止化学渗透,对于含氯溶剂及芳香族烃具有很好的防护效果。

要使防护手套对手部发挥真正有效的防护作用,仅选择出合适的手套品种是不够的,还需要正确使用。使用时需要注意下述几点:每次使用之前要检查手套是否老化、损坏;脱下手套前要适当清洗手套外部;在脱下已污染的手套时要避免污染物外露及接触皮肤;已被污染的手套要先包好再丢弃;可重复使用的手套在使用后要彻底清洁及风干;选择适当尺码的手套;接触有毒物质的手套要在通风橱内脱下;禁止在实验室外戴实验手套,禁止戴着实验手套接触日常用品,如电话、开关、键盘、笔、门把手等;手套不用时要放在实验室里,远离挥发性物质,不要带到办公室、休息室及饭厅里。

③ 防护服 防护服可以防止躯体受到各种伤害,同时防止日常着装不受污染。普通的防护服,即实验服,一般多以棉或麻为材料,制成长袖、过膝的对襟大褂形式,颜色多为白色,俗称白大褂。实验危害性和污染较小时,还可穿着防护围裙。当进行一些对身体危害较大的实验时,需要穿着专门的防护服。如防射线的铅制防护;适用于高温或低温作业要能保温;潮湿或浸水环境要能防水;可能接触化学液体要具有化学防护功能;在特殊环境要注意阻燃、防静电、防射线等。

④ 呼吸防护 实验室中一般使用防护口罩、防毒面具防止有毒气体或粉尘对呼吸系统造成的伤害。

棉布/纱布口罩:其功能与厚度相关,由于纱布纤维之间的间隙大,仅能过滤空气中较大的颗粒物,阻挡口鼻飞沫,但对空气中微粒的过滤能力极为有限,对有害气体的过滤作用几乎没有。优点是可以洗涤后反复使用。

一次性无纺布口罩:经过静电处理的无纺布不仅可以阻挡较大的粉尘颗粒,而且还可利用其表面的静电吸引力将细小的粉尘吸附住,具有较高的阻尘效率。同时滤料的厚度很薄,大大降低了使用者的呼吸阻力,舒适感很好。

活性炭口罩:由无纺布、活性炭纤维布、熔喷布材料构成,为一次性口罩。由于口罩内装有活性炭素钢纤维滤片,对空气中低浓度的苯、氨、甲醛及有异味和恶臭的有机气体、酸性挥发物、农药、刺激性气体等多种有害气体及固体颗粒物可起到吸附、阻隔作用,具备防毒和防尘的双重效果。

防尘口罩:美国国家职业安全卫生研究所(NIOSH)将粉尘类呼吸防护

口罩按中间滤网的材质分为 N、R、P 三种。N 代表 not resistant to oil，可用来防护非油性悬浮微粒；R 代表 resistant to oil，可用来防护油性及含油性悬浮微粒；P 代表 oil proof，可用来防护非油性及含油性悬浮微粒，其防油程度更高。按滤网材质的最低过滤效率，又可将口罩分为下列三种等级：95 等级，表示最低过滤效率为 95%；99 等级，表示最低过滤效率为 99%；100 等级，表示最低过滤效率为 99.97%。达到这些标准的口罩都能有效过滤悬浮微粒或病菌。N95 口罩可阻挡雾霾进入呼吸系统，从而对呼吸系统起到有效的防护作用。

防毒面具：防毒面具根据配套的滤盒不同，可以对颗粒、粉尘、病毒、有机气体、酸性气体、无机气体、酮类、氨气、汞蒸气、二氧化硫等几十种气体起防护作用。防毒面具本身不具有防毒功能，防毒面具需与相对应的滤盒、滤棉等过滤产品配套时，才能达到滤毒效果。面具可以长期使用，配套滤盒需定期更换，滤盒一般可以使用 15～30 天。

⑤ 头部防护　实验过程中长发必须束起，必要时可佩戴防护帽或头罩。在存在物体坠落或击打危险环境中，还要佩戴安全帽。

⑥ 足部防护　实验人员不得在实验室内穿着拖鞋。根据实验的危险特点，需穿着防腐蚀、防渗透、防滑、防砸、防火花的保护鞋。

（2）实验室防护设备

① 通风柜（通风橱）　通风柜是实验室中最常用的一种局部排风设备。通风柜的结构是上下式，其顶部有排气孔，可安装风机。上柜中有导流板、电路控制触摸开关、电源插座等，透视窗采用钢化玻璃，可左右或上下移动。下柜采用实验边台样式，上面有台面，下面是柜体。台面可安装小水槽和水龙头。当实验操作中涉及有害气体、臭气、湿气以及易燃、易爆、腐蚀性物质时，需在通风柜内进行，这样可以保护使用者自身安全，同时防止实验中的污染物质向实验室内扩散。使用时，人站或坐于柜前，将玻璃门尽量放低，手通过门下伸进柜内进行实验。由于排风扇通过开启的门向内抽气，在正常情况下有害气体不会大量溢出。

② 紧急冲淋洗眼器　紧急洗眼器和冲淋设备是在有毒有害危险作业环境下使用的应急救援设施。按功能可分为紧急洗眼器、紧急喷淋器和复合式洗眼器（具备洗眼和冲淋双重功能）三种。当发生意外伤害事故时，可通过快速喷淋、冲洗，降低有害物质对人体皮肤、眼表层的伤害与刺激作用。但这些设备只是对眼睛和身体进行初步的处理，不能代替医学治疗，情况严重的，必须尽快进行进一步的医学治疗。目前高等学校实验室中安装的多是台式紧急洗眼器和复合式洗眼器。

③ 急救药箱　急救药箱用于实验室意外事故的紧急处理，药箱内常备的药品和医疗器具有医用酒精、碘酒、红药水、紫药水、止血粉、创可贴、烫伤油膏（或京万红）、鱼肝油、饱和硼酸溶液或 2%醋酸溶液、1%碳酸氢钠溶液、20%硫代硫酸钠溶液、医用镊子、剪刀、纱布、药棉、棉签、绷带等。药箱专供急救用，不允许随便挪动，平时不得动用其中器具。

④ 灭火器具　实验室常备的灭火器具有灭火器、消火栓、防火毯、灭火砂箱等。

（3）个人卫生习惯和实验室内务

做好个人防护，实验人员必须首先具备良好的卫生习惯，如实验室内禁止吃饭、喝水、吸烟、吃零食；实验后必须洗手，必要时淋浴；饭前要洗脸洗手；工作衣帽与便服隔开存放，定期清洗工作衣帽等。

良好的实验室内务是保证实验室环境整洁、有序、安全、文明的基础，也是保证实验安全的基本条件。下面列出了普通实验室的基本内务标准：实验室地面必须平整、干净，通道要利于通行，没有无用的物品阻碍。合理规划实验室内物品，做到摆放整齐、有序，无用的或使用效率低的物品放置到储存处，常用的物品要容易寻找到。抽屉、柜子、文件类物品要做好标记，以方便识别。实验结束后要及时对台面进行清洁、消毒。定期对实验室进行大扫除，平时注意保持实验室卫生整洁。实验人员必须熟悉仪器性能方允许操作，严格遵守操作规程。每天了解仪器运转情况及试剂使用情况，保持仪器的整洁、安全，检查电源、水龙头。严禁在室内抽烟、吃零食。每天下班前要关门、关窗、检查空调和仪器的电源是否关闭。节假日应指定人员负责检查实验室的仪器、设备，确保安全。非本实验室工作人员未经允许不得进入实验室。

4.1.10　危险化学品的危害控制

在实验中的每一个步骤里，使用最少量的实验药品对防止浪费非常重要，更重要的是它也是降低实验风险、保证实验室安全的有效策略。下面列出了防止浪费的一些方法：计划好所需反应产物的量，并且只合成所需的量。寻找可以有效减少实验步骤的合成路线。提高产率。将未用的原料储存好，以备他用。尽可能回收或再利用原料和溶剂。与那些可能用到同一种化学药品的同事合作，分担花费。需要分析测试时，使用可实现的最灵敏的分析方法进行测量。比较自己合成和购买的成本及造成的危害，选择相对经济、环保的方式。将无毒的废物和有毒的废物进行分离。

4.2

化学实验操作安全

4.2.1 化学试剂取用操作安全

（1）化学试剂的分类

化学试剂是指在化学实验、化学分析、化学研究及其他实验中所使用的各种纯度等级的单质或化合物。依据性质、用途、功能和安全性能的不同，化学试剂有不同的分类方法。如按其状态可分为固体、液体和气体化学试剂；按其用途可分为通用、专用化学试剂；按其类别可分为无机、有机化学试剂；按性能可分为危险、非危险化学试剂等。中国化学试剂工业学会等组织则通常采用按"用途-化学组成""用途-学科""纯度-规格"的分类方法进行分类。

不同的分类方法各有特点、相互交叉并无根本的界限，按用途-学科分类既便于识别、记忆又便于储存、取用。而按危险化学试剂和非危险化学试剂分类既考虑到了化学试剂的实用性又关注到了试剂的特殊性质，因此既便于试剂的安全存放，又便于科学工作者在使用时遵守安全操作规程，以免事故的发生。

（2）化学试剂的存放

大多数化学试剂具有一定的毒性和危险性。对化学试剂的科学管理，不仅是保障化学反应顺利进行及分析结果可靠性的需要，也是确保科学工作者和实验室工作人员生命财产安全的需要。

若无特殊原因，实验室内应有计划地存放少量短期内需要使用的药品，易燃易爆试剂应放在专用的铁柜中，铁柜的顶部要有通风口。严禁在实验室里放置大量的瓶装易燃液体，当试剂的量较大时应存放在药品库内。对于一般试剂应按一定的存放规则有序地放置在试剂柜里。存放化学试剂时要注意化学试剂的存放期限，因为有些试剂在存放过程中会逐渐变质，甚至造成危害。化学试剂必须分类隔离保存，不能混放在一起。

一般试剂分类存放于试剂柜内，温度低于 30℃，并置于阴凉通风处。这类试剂包括不易变质的无机酸、碱、盐和不易挥发的有机物，没有还原性的硫酸盐、碳酸盐、盐酸盐，碱性比较弱的碱。尽管这类物质的储存条件要求不是很高，但要保证试剂的密封性良好，要对这类物质进行定期查看，在保质期内用完。

化学试剂的存放要设计合理，根据化学试剂的存放条件，对通风性、透光性、室温条件、干燥度、储药柜位置、药品架按试剂的存放条件要认真设计，这样才能做到防患于未然。化学试剂的管理和存放要注意防火防盗，对不能用水灭火的试剂与能直接用水灭火的试剂要分开存放，对一些不能用二氧化碳灭火的金属粉末要单独存放，以免出现火情后由于灭火方式不当造成更大损失。

（3）化学试剂的取用

取用试剂时，应提前了解试剂的性质尤其是其安全性能，如是否易燃易爆、是否有腐蚀性、是否有强氧化性、是否有刺激性气味、是否有毒、是否有放射性等及其他可能存在的安全隐患，看清试剂的名称和规格是否符合要求，以免用错试剂。试剂瓶盖取下后翻过来放在干净的位置，以免盖子上沾有其他物质，再次盖上时带入脏物。取完试剂后应及时盖上瓶盖，然后将试剂瓶放回原处。将试剂瓶上的标签朝外放置，以便以后取用。取用试剂时要根据不同的试剂及用量采用相应的器具，要注意节约，用多少取多少，取出的过量的试剂不能再放回原试剂瓶中，有回收价值的试剂应放入相应的回收瓶中。

① 固体化学试剂的取用　取用固体化学试剂时应注意以下几点：用干净的药匙取用，用过的药匙必须洗净和擦干后才能再次使用以免污染试剂。取用试剂后立即盖紧瓶盖，防止试剂与空气中的氧气等发生反应。称量固体试剂时注意不要取多，取多的药品不能倒回原来的试剂瓶中。因为取出的试剂已经接触空气，有可能已经受到污染，倒回去容易污染试剂瓶里余下的试剂。一般的固体试剂可以放在干净的纸或表面皿上称量。具有腐蚀性、强氧化性或易潮解的固体试剂不能在纸上称量，而应放在玻璃容器内称量。如氢氧化钠有腐蚀性又易潮解，最好放在烧杯中称取，否则容易腐蚀天平。有毒的药品称取时最好在有经验的老师或同学的指导下进行，要做好防护措施，如戴好口罩、手套、防护眼镜等。

② 液体化学试剂的取用　取用液体化学试剂时应注意以下几点：从滴瓶中取用液体试剂时要用该滴瓶中的滴管，滴管不要探入所用的容器中，以免滴管接触容器壁而污染试剂。从试剂瓶中取少量液体试剂时则需要使用专用滴管。装有药品的滴管不得横置或滴管口向上斜放，以免液体滴入滴管的胶帽中，腐蚀胶帽，再次取用试剂时受到污染。从细口瓶中取出液体试剂时用倾注法，先将瓶塞取下，反放在桌面上，手握住试剂瓶上贴有标签的一面，逐渐倾斜瓶子让试剂沿着洁净的管壁流入试管或沿着洁净的玻璃棒注入烧杯中。取出所需量后，将试剂瓶扣在容器上靠一下，再逐渐竖起瓶子，以免残留在瓶口的液滴流到瓶的外壁。对于一些不需要准确计量的实验，可以估算取出液体的量。例如用滴管取用液体时 1mL 相当于多少滴，5mL 液体占容器的几分之几等。倒入的溶液的量一般不超过容器容积的 1/3。用量筒或移液管定量取用液体时，量筒用于量取一定体积的液体，可根据需要选用不同量程的量筒，而取用准确的量时

就必须使用移液管。取用挥发性强或刺激性比较强的试剂时应在通风橱中进行，并做好安全防护措施。

4.2.2　常用化学操作单元的规范与安全

（1）回流反应操作的规范与安全

回流反应是化学反应中最常见、最基本的操作之一，适用于需长时间加热的反应或用于处理某些特殊的试剂。由于反应可以保持在液体反应物或溶剂的沸点附近（较高温度）进行，因此可显著地提高反应速率、缩短反应时间。回流反应装置一般由加热、反应瓶、搅拌、冷凝、干燥、吸收等几个部分组成。

① 操作规范　确定主要仪器（通常是烧瓶）的高度，按从下至上、从左到右的顺序安装。S 夹应开口向上，以免其脱落导致烧瓶夹失去支撑。烧瓶夹子应套有橡皮管避免金属与玻璃直接接触。固定烧瓶夹和玻璃仪器时，用左手手指将双钳夹紧，再逐步拧紧烧瓶夹螺丝，做到不松不紧。烧瓶夹应分别夹在烧瓶的磨口部位及冷凝管的中上部位置。冷凝管的冷凝水采取"下进水、上出水"方式通入，即进水口在下方，出水口在上方。正确安装好装置后，应先将冷却水通入冷凝管中，然后再开始加热并根据反应特点控制加热速度。当烧瓶中的液体沸腾后，调整加热，控制反应速度，一般以上升的蒸气环不超过冷凝管长度的 1/3 为宜。温度过高，蒸气来不及被充分冷凝，不易全部回到反应瓶中；温度过低，反应体系不能达到较高的温度值，使得反应时间延长。反应完毕，拆卸装置时应先关掉电源，停冷凝水，再拆卸仪器，拆卸的顺序与安装相反，其顺序是从右至左，先上后下。进行回流反应时，必须有人在现场，不得出现脱岗现象。进入实验室要做好个人的安全防护，穿实验服，必要时应佩戴防护眼镜、面罩和手套等。

② 安全事项　安装仪器前应仔细检查玻璃仪器有无裂纹、是否漏气，以免在反应过程中出现液体泄漏或气体冲出造成事故。采用电热套加热时，一般不要使烧瓶底部与电热套贴上以免造成反应体系局部过热。要充分考虑到冷凝水水压的变化（如白天和晚上的区别），以免由于水压太大造成进水管脱落引发漏水跑水事故。一般的回流反应需要加沸石或搅拌以免引起暴沸。一定要使反应体系与大气保持相通，切忌将整个装置密闭以免发生安全事故。对于低沸点、易挥发或有毒有害的气体应采取必要的冷凝和吸收措施。

（2）蒸馏及减压蒸馏操作的规范与安全

蒸馏及减压蒸馏是分离和提纯有机化合物的常用方法，减压蒸馏特别适用于那些在常压蒸馏时未达沸点即已受热分解、氧化或聚合的物质。蒸馏部分由蒸馏瓶、克氏蒸馏头、毛细管、温度计及冷凝管、接收器等组成。减压蒸馏装置主要由蒸馏、抽气（减压）、安全保护和测压部分组成。由于蒸馏或减压蒸馏的物料大多数易燃、易爆、有毒或有腐蚀性，蒸馏过程还涉及玻璃仪器内压力的变化，因此蒸馏过程中如果操作不当有可能引起爆炸、火灾、中毒等危险。

① 操作规范　蒸馏装置必须正确安装。常压操作时，切勿造成密闭体系。减压蒸馏时要用圆底烧瓶作接收器，不可用锥形瓶或平底烧瓶，否则可能会发生炸裂甚至爆炸。减压蒸馏按要求安装好仪器后，先检查系统的气密性。若使用毛细管作汽化中心，应先旋紧毛细管上的螺旋夹子，打开安全瓶上的二通活塞，然后开启真空泵，逐渐关闭活塞，如果系统压力可以达到所需真空度且基本保持不变，说明系统密闭性较好。若压力达不到要求或变化较大，说明系统有漏气，应逐个仔细检查各个接口的连接部位，必要时加涂少量真空脂进一步密封。蒸馏或减压蒸馏需蒸馏液体的加入量不得超过蒸馏瓶容积的1/2。减压蒸馏时，在加过药品后，关闭安全瓶上的活塞，开真空泵抽气，通过毛细管上的螺旋夹调节空气的导入量，以能冒出一连串小气泡为宜。严禁用明火直接加热，而应根据液体沸点的高低使用石棉网、油浴、砂浴或水浴。加热速度宜慢不宜快，避免液体局部过热，一般控制馏出速率为1～2滴/s，蒸馏某些有机物时，严禁蒸干。蒸馏易燃物质时装置不能漏气，如有漏气则应立即停止加热，检查原因，解决漏气后再重新开始。接收器支管应与橡皮管相连，使余气通往水槽或室外。循环冷凝水要保持畅通，以免大量蒸气来不及冷凝排出而造成火灾。减压蒸馏完毕后，撤去热源，再稍微抽气片刻，使蒸馏瓶以及残留液冷却，缓慢打开毛细管上的螺旋夹，并打开安全瓶上的活塞，使系统与大气相通，达到压力平衡，然后关泵。

② 安全事项　蒸馏装置不可形成密闭体系。减压蒸馏时应使用克氏蒸馏头，以减少由于液体暴沸而溅入冷凝管的可能性。由于在减压条件下，蒸气的体积比常压下大得多，液体的加入量应严格控制不可超过蒸馏瓶体积的一半。减压蒸馏应使用二叉管或三叉管作接液管，接收不同馏分时，只需转动接液管即可，不会破坏系统的真空状态。减压蒸馏时加入药品后，待真空稳定时再开始加热。因为减压条件下，物质的沸点会降低，加热过程中抽真空可能会引起液体暴沸。蒸馏加热前应放2～3粒沸石以防止暴沸。如果在加热后才发现未加沸石，应立即停止加热，待被蒸馏的液体冷却后补加沸石，然后重新开始加热。严禁在加热时补加沸石，否则会因暴沸而发生事故。减压蒸馏时需用毛细管或磁搅拌代替沸石，防止暴沸，使蒸馏平稳进行，避免液体过热而产生暴沸冲出的现象。在减压蒸馏系统中，要使用厚壁耐压的玻璃仪器，切勿使用薄壁或有裂纹的玻璃仪器，尤其不能用不耐压的平底瓶（如锥形瓶等）作接收器，以防止内向爆炸。减压蒸馏结束后，切记待体系通大气后再关泵，不能直接关泵，否则有可

能引起倒吸。

（3）水蒸气蒸馏的操作规范与安全

水蒸气蒸馏是提纯、分离有机化合物常用的方法之一。这种方法是在不溶于水或难溶于水的有机物中通入水蒸气或与水共热，从而将水与有机化合物一起蒸出，达到分离和提纯的目的。被分离的有机化合物应是难溶或不溶于水；长时间与水共热不会发生化学反应；在 100 ℃左右，具有一定的蒸气压，一般不小于 1.33kPa。常用于从大量树脂状杂质或不挥发性杂质中分离有机物，从固体混合物中分离易挥发物质，常压下蒸馏易分解的化合物。水蒸气蒸馏通常由蒸馏和水蒸气发生器两部分组成。图 4.5 为水蒸气蒸馏装置。

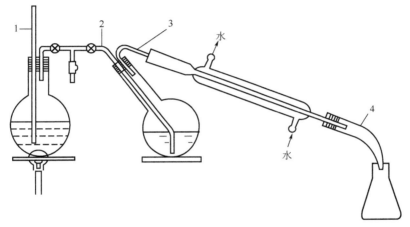

图 4.5　水蒸气蒸馏装置
1—温度计；2—120°弯头；3—U 形弯头；4—牛角管

① 操作规范　水蒸气发生器可以是金属容器或大的圆底烧瓶，水的量一般为其容积的 2/3 为宜。水蒸气发生器中的安全管应插到发生器的底部，若体系内压力增大，水会沿玻璃管上升，起到调节压力的作用。水蒸气发生器至蒸馏瓶之间的蒸气导管应尽可能短，以减少蒸气的冷凝量。蒸气导管的下端应尽量接近蒸馏瓶的底部，但不能与瓶底接触。当有大量蒸气冒出并从 T 形管冲出时，旋紧螺旋夹，开始蒸馏。如果由于水蒸气的冷凝而使蒸馏瓶内液体增多时，可适当加热蒸馏瓶。控制蒸馏速率，馏分以 2～3 滴/s 为宜。通过水蒸气发生器的液面，观察蒸馏是否顺畅。如水平面上升很快说明系统有堵塞，应立即旋开螺旋夹，撤去热源，进行检查。当馏出液无明显油珠、澄清透明时停止蒸馏，松开螺旋夹，移去热源，防止倒吸现象。

② 安全事项　水蒸气蒸馏操作时，先将被蒸溶液置于长颈圆底瓶中，加入量不超过其容积的 1/3。加热水蒸气发生器，直至水沸腾，当有大量水蒸气产生

时，关闭两通活塞，使水蒸气平稳均匀地进入圆底烧瓶中。为了使蒸气不在蒸馏瓶中冷凝而积累过多，必要时可适当对其加热，但应控制加热速度，使蒸气能在冷凝管中全部冷凝下来。当蒸馏固体物质时，如果随水蒸气挥发的物质具有较高的熔点，易在冷凝管中凝结为固体，此时应调小冷凝水的流速，使其冷凝后仍然保持液态。如果已有固体析出，并且接近阻塞时，可暂停冷凝水甚至将冷凝水放掉，若仍然无效则应立即停止蒸馏。若冷凝管已被阻塞，应立即停止蒸馏，并设法疏通（可用玻璃棒将阻塞的晶体捅出或用电吹风的热风吹化结晶，也可在冷凝管夹套中灌以热水使之熔化后流出来）。当冷凝管夹套中需要重新通入冷却水时，要小心缓慢，以免冷凝管因骤冷而破裂。当中途停止蒸馏或结束蒸馏时，一定要先打开 T 形管下方的螺旋夹，使其通大气后才可停止加热，以防蒸馏瓶中的液体倒吸到水蒸气发生器中。在蒸馏过程中，如果安全管中的水位迅速上升，则表示系统中发生了堵塞，此时应立即打开活塞，然后移去热源，待解决了堵塞问题后再继续进行水蒸气蒸馏。

（4）萃取与洗涤操作的规范与安全

萃取和洗涤是分离、提纯有机化合物常用的操作。萃取是用溶剂从液体或固体混合物中提取所需的物质，洗涤是从混合物中洗掉少量的杂质，洗涤实际上也是一种萃取。实验室中最常见的萃取仪器是分液漏斗。

① 操作规范　选用容积比萃取液总体积大一倍以上的分液漏斗，加入一定量的水，振荡，检查分液漏斗的塞子和旋塞是否严密、是否漏水，确认不漏后方可使用。将其放置在固定在铁架台上的铁环中，关好活塞。将被萃取液和萃取剂（一般为被萃取液体积的 1/3）依次从上口倒入漏斗中，塞紧顶塞（顶塞不能涂润滑脂）。取下分液漏斗，用右手手掌顶住漏斗上面的塞子并握住漏斗颈，左手握住漏斗活塞处，拇指压紧活塞，把分液漏斗放平，并前后振摇，尽量使液体充分混合。开始阶段，振摇要慢，振荡后，使漏斗上口向下倾斜，下部支管指向斜上方，保持倾斜状态，下部支管口指向无人处，左手仍握在活塞支管处，用拇指和食指旋开活塞，释放出漏斗内的蒸气或产生的气体，使内外压力平衡，此操作也称"放气"。如此重复至放气时只有很小压力后，再剧烈振荡 2～3min，然后再将漏斗放回铁圈中静置。待液体分成清晰的两层后，进行分离。分离液层时，慢慢旋开下面的活塞，放出下层液体。上层液体从上口倒出，不可从下口放出以免被残留的下层液体污染。

② 安全事项　不可使用漏液的分液漏斗，以免液体流出或气体喷出，确保操作安全。上口塞子不能涂抹润滑脂，以免污染从上口倒出的液体。振摇时一定要及时放气，尤其是当使用低沸点溶剂或者用酸、碱溶液洗涤产生气体时，振摇会使其内部出现很大的压力，如不及时放气，漏斗内的压力会远大于大气压力，就会顶开塞子出现喷液，有可能造成伤害事故。振摇时，支管口不能对

着人，也不能对着火，以免发生危险。若一次萃取不能达到要求可采取多次萃取的办法。

（5）干燥的操作规范与安全

干燥是指除去化合物中的水分或少量的溶剂。一些化学实验需在无水的条件下进行，所有原料和试剂都要经过无水处理，在反应过程中还要防止潮气的侵入。有机化合物在蒸馏之前也必须进行干燥，以免加热时某些化合物会发生水解或与水形成共沸物。测定化合物的物理常数，对化合物进行定性、定量分析，利用色谱、紫外光谱、红外光谱、核磁共振、质谱对化合物进行结构分析和测定，都必须使化合物处于干燥状态，才能得到准确可信的结果。干燥的方法包括物理干燥和化学干燥，这里主要介绍化学干燥。化学干燥是利用干燥剂除去水，按照去水作用分为两类：一类是干燥剂与水可逆地结合成水合物，如硫酸镁、氯化钙等；另一类是干燥剂与水反应产生新的化合物，是不可逆的，如金属钠、五氧化二磷等。

① 操作规范　所选用的干燥剂不能与被干燥的化合物发生化学反应，也不能溶解在该溶剂中。要综合考虑干燥剂的吸水容量和干燥效能，有些干燥剂虽然吸水容量大但干燥效果不一定很好。干燥剂的用量与所干燥的液体化合物的含水量、干燥剂的吸水容量等多种因素有关，干燥剂加入量过少，起不到完全干燥的作用；加入过多会吸附部分产品，影响产品的产量。将被干燥液体放入干燥的锥形瓶（最好是磨口锥形瓶）中，加入少量的干燥剂，塞好塞子，振摇锥形瓶。如果干燥剂附着在瓶底并板结在一起，说明干燥剂的用量不够。当看到锥形瓶中液体澄清且有松动游离的干燥剂颗粒时，可以认为此时的干燥剂用量已足够。塞紧塞子静置一段时间（一般30min以上）。

② 安全事项　酸性化合物不能用碱性干燥剂干燥，碱性化合物也不能用酸性干燥剂干燥。强碱性干燥剂（如氧化钙、氢氧化钠等）能催化一些醛、酮发生缩合反应、自动氧化反应，也可以使酯、酰胺发生水解反应，因此不能用于此类化合物的干燥。有些干燥剂可与一些化合物形成配合物，因此不能用于这些化合物的干燥。氢氧化钠（钾）易溶解在低级醇中，所以不能用于干燥低级醇。

（6）重结晶与过滤操作的规范与安全

在有机化学反应中，固体有机产物中常含有一些副产物、未反应完的原料和某些杂质，重结晶就是提纯固体有机化合物的有效方法。这种方法是利用有机化合物在不同溶剂中、不同温度条件下的溶解度不同，使被提纯物质从过饱和溶液中析出，而杂质全部或大部分仍留在溶液中，从而达到提纯目的。重结晶一般包括选择适当溶剂、制备饱和溶液、脱色、过滤、冷却结晶、分离、洗涤、干燥等过程。

① 操作规范　选择溶剂的条件：不与重结晶物质发生化学反应。在较高温度时，重结晶物质在溶剂中溶解度较大，而在室温或低温时溶解度应很小。杂质不溶在热的溶剂中，或者是杂质在低温时极易溶在溶剂中，不随晶体一起析出。能结出较好的晶体且易与结晶分离除去，无毒或毒性很小，便于操作。热的饱和溶液的制备：通过试验结果或查阅溶解度数据计算所需溶剂的量，溶剂加入太少会形成过饱和溶液，晶体析出很快，热过滤时会有大量的结晶析出并残存在滤纸上，影响产品的收率。溶剂加入过多，不能形成饱和溶液，冷却后析出的晶体少。一般用活性炭除去有色杂质和树脂状物质，其加入量为固体量的 1%～5%。加入太少不能达到脱色的目的，加得太多，会使产品包裹在活性炭中而降低产量。加入活性炭后再煮沸 5～10min，趁热过滤。抽滤前先将剪好的滤纸放入布氏漏斗，滤纸的直径不可大于漏斗底边缘直径，否则滤液会从折边处流出造成损失。将滤纸润湿后，可先倒入部分滤液（不要将溶液一次倒入），启动水循环泵，通过缓冲瓶（安全瓶）上二通活塞调节真空度，开始真空度不要太高，这样不致将滤纸抽破，待滤饼已结一层后，再将余下溶液倒入，逐渐提高真空度，直至抽"干"为止。

② 安全事项　为避免溶剂挥发、可燃性溶剂着火或有毒溶剂导致中毒，必要时应在锥形瓶上装置回流冷凝管，溶剂可从冷凝管的上端加入。若使用酒精灯等明火加热，当所用溶剂易燃易爆（如乙醚）时，应特别小心，热过滤时需要将火源撤掉，以防引燃着火。如果在溶液沸腾状态下加入活性炭会引起暴沸，导致液体喷溅造成烫伤或其他事故，因此在加入活性炭之前，应将溶液稍微冷一下，然后再加入。热过滤时先用少量热的溶剂润湿滤纸，以免干滤纸由于吸收溶液中的溶剂析出晶体而堵塞滤纸孔，影响抽滤效果。抽滤结束后，先打开放空阀使系统与大气相通，再停泵，以免产生倒吸现象。

（7）搅拌装置操作的规范与安全

搅拌是化学反应中常用的装置。搅拌的作用有：可以使两相充分接触、反应物混合均匀和被滴加原料快速均匀分散；使温度分布均匀，避免或减少因局部过浓、过热而引起副反应的发生；在密闭容器中加热，可防止暴沸；缩短反应时间，加快反应速度或蒸发速度。常见的搅拌装置有机械搅拌和磁力搅拌两种。图 4.6 为机械搅拌装置，图 4.7 为磁力搅拌装置。

机械搅拌是由电机带动搅拌棒转动从而达到搅拌目的的一种装置，主要由电机、搅拌棒和搅拌密封装置三部分组成。

① 机械搅拌操作规范　安装搅拌装置时，要求搅拌棒垂直安装，与反应容器的器壁无摩擦和碰撞，转动灵活。搅拌棒与电机轴之间可通过两节橡皮管和一段玻璃棒连接。不能将玻璃搅拌棒直接与搅拌电机轴相连，以免造成搅拌棒磨损或折断。搅拌棒的形状有多种，但安装时都要求搅拌棒下端距瓶底应有适

图 4.6　机械搅拌装置

图 4.7　磁力搅拌装置

当的距离，太远影响搅拌效果（如积聚于底部的固体可能得不到充分搅拌），又不能贴在瓶底上。

②　机械搅拌安全事项　不能在超负荷状态下使用机械搅拌器，否则易导致电机发热而烧毁。使用时必须接上地线确保安全。适当的搅拌速度可以减小振动，延长仪器的使用寿命。操作时，若出现搅拌棒不同心、搅拌不稳的现象应及时关闭电源，调整相关部位。平时要保持仪器的清洁干燥，防潮防腐蚀。

磁力搅拌是利用磁性物质同性相斥的特性，通过可旋转的磁铁片带动磁转子旋转而达到搅拌目的的一种装置。磁力搅拌器一般都由可调节磁铁转速的控制器和可控制温度的加热装置组成，适用于黏稠度不是很大的液体或者固液混合物。磁力搅拌比机械搅拌装置简单、易操作，且更加安全，缺点是不适用于大体积和黏稠体系。

③ 磁力搅拌操作规范　使用之前应检查调速旋钮是否归零，电源是否接通，以确保安全。选择大小适中的磁转子，加入试剂之前试运转，保证搅拌效果。打开搅拌开关，由低逐级调节调速旋钮达到所需转速。若发现磁转子出现不转动或跳动时，检查磁转子与反应器的相对位置是否正确。反应结束后及时收回磁转子，不要随反应废液或固体倒掉。保持适当转速，防止剧烈震动，尽量避免长时间高速运转。

④ 磁力搅拌安全事项　使用前要认真检查仪器的配置连接是否正确，选择合适的磁转子。不要高速直接启动，以免引起磁转子因不同步而跳动。不搅拌时不应加热，不工作时应关掉电源。使用时最好连接上地线，以免发生事故。

（8）真空系统操作的规范与安全

真空操作是化学实验中常见的基本操作之一，如减压蒸馏、抽滤、真空干燥、旋转蒸馏等操作时经常使用真空装置。其种类很多，实验室常用的真空泵有水循环真空泵和油封机械真空泵两种。若需要的真空度不是很低可用水泵，若需较低的压力，则需要用油泵。

① 操作规范　首次使用水泵时应加水至溢水管出水为止，并注意必须经常更换水箱中的水，保持水箱清洁，以延长仪器使用寿命。可将箱体进水孔用橡皮管连接在水龙头上，用橡皮管连接在溢水嘴上，使之连续循环进水，使有机溶剂不会长期留在箱内而腐蚀泵体。检查实验装置连接是否正确、密闭，将实验装置的抽气套管连接在泵的真空接头上，启动按钮（开关）即开始工作，双头抽气可单独或并联使用。减压系统必须保持密闭不漏气，所有的橡皮塞的大小和孔道要合适，橡皮管要用真空专用的橡皮管。玻璃仪器的磨口处应涂上凡士林，高真空应涂抹真空油脂。用水泵抽气时，应在水泵前装上安全瓶，以防水压下降，水流倒吸；停止抽气前，应先使系统连接大气，然后再关泵。使用油泵前，应检查油位是否在油标线位置；在蒸馏系统和油泵之间，必须装有缓冲和吸收装置。如果蒸馏挥发性较大的有机溶剂时，蒸馏前必须用水泵彻底抽去系统中有机溶剂的蒸气，否则将达不到所需的真空要求。如果由于水分或其他挥发性物质进入泵内而影响极限真空时，可开镇气阀将其排出，当泵油受到机械杂质或化学杂质污染时，应及时更换泵油。

② 安全事项　与泵油发生化学反应、对金属有腐蚀性或含有颗粒物质的气体以及含氧过高、爆炸性的气体不适合使用真空泵。油泵不能空转和倒转，否则会导致泵的损坏。酸性气体会腐蚀油泵，水蒸气会使泵油乳化，降低泵的效

能甚至损坏真空泵。要按要求使用符合规定的真空泵油，泵油必须干燥清洁。泵油的加入量过多，运转时会从排气口向外喷溅，油量不足会造成密封不严而导致泵内气体渗漏。油泵停止运转时，应先将系统与泵之间的阀门关闭，同时打开放气阀使空气进入泵中，然后关掉泵的电源，避免回油现象发生。使用时，如果因系统损坏等特殊事故，泵的进气口突然连接大气时应尽快停泵，并及时切断与系统连接的管道，防止喷油。

4.2.3　典型反应的危险性分析及安全控制措施

（1）氧化反应

① 危险性分析　大多数氧化反应需要加热，特别是催化气相反应，一般都是在高温条件下进行，而氧化反应又是放热过程，产生的反应热如不及时移去，将会使反应温度迅速升高甚至发生爆炸。某些氧化反应，物料配比接近于爆炸下限，因此要严加控制。倘若物料配比失调、温度控制不当，极易引起爆炸起火。被氧化的物质很多是易燃易爆物质。有的物质具有较宽的爆炸极限，或者其蒸气与空气的混合物具有一定的爆炸极限，在实验操作时要格外认真小心。氧化剂也具有很大的火灾危险性。一些氧化剂如氯酸钾、高锰酸钾、铬酸酐等，如遇高温或受到撞击、摩擦以及与有机物、酸类接触，都有可能引起着火或爆炸；而有机过氧化物不仅具有很强的氧化性，而且大部分自身就是易燃物质，有的则对温度特别敏感，遇高温则容易发生爆炸。有些氧化反应的产物也具有火灾危险性。如环氧乙烷是可燃气体；硝酸不但是腐蚀性物质，而且也是强氧化剂；另外某些氧化过程中还可能生成危险性较大的过氧化物，如乙醛氧化生产醋酸的过程中有过醋酸生成，过醋酸是有机过氧化物，极不稳定，受高温、摩擦或撞击便会分解或燃烧。

② 安全控制措施　氧化过程中加空气或氧气作氧化剂时，应严格控制反应物料的配比（可燃气体和空气的混合比例）在爆炸极限范围之外。空气进入反应器之前，应经过气体净化装置，消除空气中的灰尘、水蒸气、油污以及可使催化剂活性降低或中毒的杂质，以保证催化剂的活性，减少着火和爆炸的危险。在催化氧化过程中，对于放热反应，应控制适宜的温度、流量，防止超温、超压和混合气处于爆炸范围之内。使用硝酸、高锰酸钾等氧化剂时，要严格控制加料速度，防止多加、错加；固体氧化剂应粉碎后再使用，最好使其呈溶液状态使用，反应过程中要不间断地搅拌，严格控制反应温度，决不允许超过被氧化物质的自燃点。使用氧化剂氧化无机物时应控制产品烘干温度不超过其着火点，在烘干之前应用合适的溶剂洗涤产品，将氧化剂彻底除净，以防止未完全

反应的氧化剂引起已烘干的物料起火。有些有机化合物的氧化，特别是在高温下的氧化，在设备及管道内可能产生焦状物，应及时清除，以防自燃。氧化反应使用的原料及产品，应按有关危险品的管理规定，采取相应的防火措施，如隔离存放、远离火源、避免高温和日晒、防止摩擦和撞击等。如是电介质的易燃液体或气体，应安装导除静电的接地装置。设置氮气、水蒸气灭火等装置，以便能及时扑灭火灾。

（2）还原反应

① 危险性分析　还原反应大多有氢气存在（氢气的爆炸极限为 4%～75%），特别是催化加氢还原，大多在加热、加压条件下进行，如果操作失误或因设备缺陷有氢气泄漏，极易与空气形成爆炸性混合物，如遇着火源即会爆炸。还原反应中所使用的催化剂雷尼镍吸潮后在空气中有自燃危险，即使没有着火源存在，也能使氢气和空气的混合物引燃，发生着火爆炸。固体还原剂保险粉、硼氢化钾、氢化铝锂等都是遇湿易燃危险品，其中保险粉遇水发热，在潮湿空气中能分解析出硫，硫蒸气受热具有自燃的危险，且保险粉本身受热到 190℃也有分解爆炸的危险；硼氢化钾（钠）在潮湿空气中能自燃，遇水或酸即分解放出大量氢气，同时放出大量热，可使氢气着火而引起爆炸事故；氢化锂铝是遇湿危险的还原剂，务必要妥善保管，防止受潮。还原反应的中间体，特别是硝基化合物还原反应的中间体，亦有一定的火灾危险。

② 安全控制措施　操作过程中要严格控制反应湿度、压力和流量，使用的电气设备必须符合防爆要求，实验室通风要好，加压反应的设备应配备安全阀，反应中产生压力的设备要装设爆破片，安装氢气检测和报警装置。当使用雷尼镍等作为还原反应的催化剂时必须先用氮气置换出反应器内的全部空气，并经过测定证实含氧量达到标准后，才可通入氢气；反应结束后应先用氮气把反应器内的氢气置换干净，才可打开孔盖出料，以免外界空气与反应器内的氢气相遇，在雷尼镍自燃的情况下发生着火爆炸；雷尼镍应当储存于酒精中，回收时应用酒精及清水充分洗涤，真空过滤时不得抽得太干，以免氧化着火。保险粉在需要溶解使用时，要严格控制温度，应在搅拌的情况下，将保险粉分批加入水中，待溶解后再与有机物反应；当使用硼氢化钠（钾）作还原剂时，在调节酸、碱度时要特别注意，防止加酸过快、过多；当使用氢化铝锂作还原剂时，要在氮气保护下使用，平时浸没于煤油中储存。这些还原剂遇氧化剂会发生激烈反应，产生大量热，具有着火爆炸的危险，不得与氧化剂混存在一起。有些还原反应可能在反应过程中生成爆炸危险性很大的中间体，因此在反应操作中一定要严格控制各种反应参数和反应条件，否则会导致事故发生。开展新技术、新工艺的研究，尽可能采用还原效率高、危险性小的新型还原剂代替火灾危险性大的还原剂。

（3）聚合反应

由小分子单体聚合成大分子聚合物的反应称为聚合反应。按照反应类型可分为加成聚合和缩合聚合两大类；按照聚合方式又可分为本体聚合、悬浮聚合、溶液聚合、乳液聚合、缩合聚合五种。

① 危险性分析　由于聚合物的单体大多数是易燃、易爆物质，单体在压缩过程中或在高压系统中泄漏，易发生火灾爆炸，容易引起爆聚、反应器压力骤增进而引起爆炸。聚合反应中加入的引发剂都是化学活泼性很强的过氧化物，一旦配料比控制不当，容易引起爆聚、反应器压力骤增进而引起爆炸。聚合反应多在高压下进行，反应本身又是放热过程，如果反应条件控制不当，很容易发生事故。聚合反应热未能及时导出，如搅拌发生故障、停电、停水、反应釜内聚合物粘壁作用使反应热不能导出，造成局部过热或反应釜超温，易发生爆炸。

② 安全控制措施　本体聚合度大，反应温度难控制，传热困难。如果反应产生的热量不能及时移去，当升高到一定温度时，就可能强烈放热，有发生爆聚的危险。一旦发生爆聚，则设备发生堵塞，体系压力骤增，极易发生爆炸。加入少量的溶剂或内润滑剂可以有效地降低体系的黏度。尽可能采用较低的引发剂浓度和较低的聚合温度，使聚合反应放热变得缓和。控制"自动加速效应"，使反应热分阶段放出。强化传热、降低操作压力等措施可减少发生危险的可能性。溶液聚合度小，温度容易控制，传热较易，可避免局部过热。这种聚合方法的主要安全控制是避免易燃溶剂的挥发和静电火花的产生。悬浮聚合时应严格控制反应条件，保证设备的正常运转，避免出现溢料现象，导致未聚合的单体和引发剂遇火引发着火或爆炸事故。乳液聚合常用无机过氧化物作引发剂，反应时应严格控制其物料配比及反应温度，避免由于反应速度过快发生冲料。同时要对聚合过程中产生的可燃气体妥善处理，反应过程中应保证强烈而又良好的搅拌。缩合聚合是吸热反应，应严格控制反应温度，避免温度过高，导致系统的压力增加，引起爆裂，泄漏出易燃易爆单体。

（4）催化反应

催化反应是在催化剂的作用下所进行的化学反应。

① 危险性分析　在催化过程中若催化剂选择不正确或加入量不适，易形成局部激烈反应；另外由于催化大多需在一定温度下进行，若散热不良、温度控制不好等，很容易发生超温爆炸或着火事故。关于催化产物，在催化过程中有的产生氯化氢，氯化氢有腐蚀和中毒危险；有的产生硫化氢，则中毒危险更大，且硫化氢在空气中的爆炸极限较宽，生产过程中还有爆炸危险；有的催化过程产生氢气，着火爆炸的危险更大，尤其在高压下，氢的腐蚀作用可使金属高压容器脆化，从而造成破坏性事故。原料气中某种能与催化剂发生反应的杂质含

量增加，可能成为爆炸危险物，这是非常危险的。例如，在乙炔催化氧化合成乙醛的反应中，由于催化剂体系中常含有大量的亚铜盐，若原料气中含乙炔过高，则乙炔就会与亚铜盐反应生成乙炔铜。乙炔铜为红色沉淀，是一种极敏感的爆炸物，自燃点在 260～270℃，干燥状态下极易爆炸，在空气作用下易氧化成暗黑色，并易于起火。

② 安全控制措施　催化剂长期放置不用，可能会导致催化剂活性降低甚至失活，或者干燥失水甚至自燃，暂时存放须妥善保存。使用高压釜进行催化氢化反应时，应对初次使用高压釜的操作人员进行培训，并按规定对设备逐项认真检查。实验室里进行催化氢化反应时，不能使用有明显破损、裂痕以及有大气泡的玻璃仪器。对于某些催化剂要迅速加入，以减少其自燃并引燃溶剂的可能性。反应后的催化剂仍有较高活性，加上有溶剂残留，也可能引起自燃，必须妥善处理，后处理时也应格外小心。

（5）其他典型反应

① 无水无氧反应　一些物质（如金属钠、钾、锂、金属有机化合物等）对水和氧敏感，遇水和氧会发生剧烈反应，甚至酿成着火爆炸等事故。在这些物质的储存、制备、反应及后处理过程中以及研究它们性质或分析鉴定时，必须严格按照无水无氧操作的技术要求进行，所有的仪器必须洗净、烘干，即使是新的仪器也要经过严格洗涤后才能使用。洗涤干燥过的仪器，在使用前仍需要加热抽真空并用惰性气体进行置换，把吸附在器壁上的微量水和氧移走。所需的试剂和溶剂必须先经无水无氧处理方可使用。实验前对每一步实验的具体操作、所用的仪器、加料次序、后处理的方法等必须提前考虑好。否则，即使合成路线和反应条件都符合要求，也得不到预期的产物，还可能出现安全问题。实验装置中的橡皮塞、橡皮隔膜的表面吸附有氧、水或油污等杂质，必须经过洗涤和干燥处理，所用的惰性气体也必须经脱水、脱氧的再纯化处理。

② 自由基反应　自由基反应尤其是以过氧化物作为引发剂的反应，由于其本身的特殊性质，在使用和操作过程中应格外小心。过氧化有机物如过氧乙酸、过氧化苯甲酰等在受到摩擦、撞击、阳光暴晒、加热时易发生爆炸，且很多都有毒性，某些过氧化物对眼睛，呼吸、消化、运动、神经系统均会有不同程度的伤害。在反应过程中若物料配比控制不当、滴加速度过快就可能造成温度失控引发燃烧爆炸事故，反应物料不纯也可能引起过氧化物分解爆炸。若出现冷却效果不好、冷却水中断或搅拌停止等异常情况，也会导致局部反应加剧，温度骤升，压力迅速增加，引发事故。干燥过氧化物也易分解爆炸。因此在反应过程中应严格控制物料配比、滴加速度和反应温度，同时要有良好的搅拌和冷却作保证。

自由基聚合反应在高分子化合物的制备中占有重要地位，可通过不同的聚合工艺实现。如本体聚合放热量大，反应热排除困难，不易保持稳定的反应温度，"自动加速效应"可使温度失控，引起爆聚。为确保反应的正常进行，通常采取以下措施：加入一定量的专用引发剂来降低反应温度；可能的情况下采用较低的反应温度降低放热速度；在反应体系黏度不太高时就分离聚合物；采用分段聚合的方法，控制转化率和自动加速效应，使反应热分成几个阶段均匀放出；改进和完善搅拌器和传热系统以利于聚合设备的传热；采用"冷凝态"进料及"超冷凝态"进料。

其他的自由基聚合工艺不再一一赘述。

4.2.4　反应过程中突发情况的一般处理方法

（1）处理突发情况的基本原则

化学实验是巩固理论知识、优化工艺条件、探索未知世界、拓展科学思维不可或缺的重要环节。化学实验室是培养高素质化学人才、产出高水平研究成果的重要场所，确保实验室的人员、设备安全是顺利开展化学研究工作的基本要求。应坚持"安全第一、以人为本"的指导精神和"预防为主、冷静处置"的工作原则，要以高度负责的态度积极认真地对待化学实验室的安全工作。

化学实验室中化学试剂和药品种类和数量繁多，其中很多都是易燃、易爆、有毒或具有腐蚀性，在化学实验中，由于操作不当或不可预知的因素都会带来一定的危险性，给国家和单位的财产及实验人员的人身造成严重的损失和伤害。因此，必须把安全时刻放在第一位，把可能的风险和危害降到最低程度，才能保证化学实验的教学和科研工作的顺利进行。实验室安全是一项需要常抓不懈的基础工作，是一项系统工程，既要有资金和设备的投入，更要有行之有效的管理措施，根据实际情况和要求形成一套严格而又完善的管理制度和体系。要时刻牢记"化学事故猛于虎、安全责任重于山"，把实验室安全作为校园或企业文化的一部分，努力营造一个科学安全的实验环境。

导致实验事故发生的原因多种多样，通常是由于违反基本操作规定、所用试剂或仪器处理失当、操作顺序出现错误、试剂使用不当、发现问题不及时或处理问题不恰当等。因此，实验前的安全教育对于了解实验内容、熟悉实验步骤、掌握实验技能、预防事故发生都十分必要。将实验室安全工作的重心向主动预防转变，使安全观念深入人心，形成敬畏生命、尊重制度、严谨求实的校园实验室安全文化，有效预防校园实验室安全事故的发生。

（2）反应过程中的突发情况

① 爆炸事故产生的原因　爆炸事故产生的主要原因有：随意混合化学药品；

氧化剂和还原剂的混合物受热、摩擦或撞击；在密闭体系中进行蒸馏、回流等加热操作；在加压或减压实验中使用不耐压的玻璃仪器；气体钢瓶减压阀失灵；反应过于激烈而失去控制；易燃易爆气体大量逸入空气；一些本身容易爆炸的化合物，如硝酸盐类、硝酸酯类、三碘化氮、芳香族多硝基化合物、乙炔及其重金属盐、重氮盐、叠氮化物、有机过氧化物等受到震动、受热或撞击；强氧化剂与一些有机化合物接触混合时发生爆炸反应；对水敏感的物质反应时遇水发生爆炸；化合物迅速分解，放出大量热量，引起反应体系的体积剧烈增大而发生爆炸；气体间剧烈反应，导致反应器压力骤然增加引起爆炸；反应试剂或溶剂处理不当导致爆炸。

爆炸是实验室发生的事故中损失严重、危害较大的一种，如果不采取必要的防范措施，将会给财产和人身安全造成巨大损失和伤害。

② 喷溅事故产生的原因　喷溅事故产生的原因有：反应仪器有裂纹或破裂，随着反应的进行，反应体系内部压力增大导致喷溅；试剂取用方法不当，如开启盛有挥发性液体的试剂瓶时没有进行充分的冷却导致喷溅；当试剂瓶的瓶塞不易打开时不认真核查瓶内试剂的种类和性质，贸然用火对其加热或敲击瓶塞导致喷溅；反应试剂添加错误、添加顺序颠倒、添加速度过快、用量比例失当等导致喷溅；将回流、蒸馏等装置组成一个密闭体系导致的喷溅；在沸腾情况下，补加沸石导致喷溅；使用分液漏斗萃取时不及时排出产生的气体导致喷溅；反应过程中忘记通入冷凝水或通入的冷凝水长时间不能使气体充分冷却导致喷溅等。

③ 跑水事故产生的原因　跑水事故产生的原因有：水龙头或阀门损坏及破裂导致跑水；水管老化导致跑水；冬季暖气管道爆裂导致跑水；遇突然停水后忘记关闭水龙头及阀门，来水后无人在现场导致跑水；下水管道长期失修发生堵塞导致跑水；水压忽然增大，致使循环水进出水管脱落而未被及时发现导致跑水等。跑水事故通常都是在实验人员长时间脱岗或输水管道突然破裂时发生的。

第**5**章

实验室仪器设备使用安全

实验仪器设备是实验室的重要组成部分，在高校教学、科研中有着十分重要的作用。同时各类仪器设备价格昂贵，一旦使用不当会造成重大损失。有些仪器设备如果进行违规操作，还会给操作者带来严重的意外伤害。为确保大型仪器设备正常运行，必须加强其安全管理，师生在使用前必须充分了解欲使用设备的安全注意事项。本章对学校现有的部分仪器设备进行归类，列出了仪器设备的使用规程及安全注意事项。

5.1
气瓶的使用和管理

5.1.1　气瓶的颜色标记

气瓶的颜色标记包括气瓶的外表面颜色和文字、色环的颜色。气瓶本身涂抹颜色的作用有两个：一是可以通过特征颜色识别瓶内气体的种类；二是防止锈蚀。

在国内，无论是哪个厂家生产的气体钢瓶，只要是充装同一种气体，气瓶的外表颜色都是一样的。作为常识，我们必须熟记一些常用气瓶（如氢气瓶是深绿色，氮气和空气瓶是黑色等）的颜色，这样即使在气瓶的字样、色环颜色模糊后，也能够根据气瓶的颜色确认瓶内的气体。所以，气瓶颜色是一种安全标志。我国常用气瓶的颜色标记如表 5.1 所示。

表 5.1　我国常用气瓶的颜色标记

气瓶名称	化学式	外表颜色	字样	字样颜色
氢	H_2	淡绿色	氢	大红色
氧	O_2	淡蓝色	氧	黑色
氮	N_2	黑色	氮	白色
空气		黑色	空气	白色
氨	NH_3	淡黄色	液氨	黑色
氯	Cl_2	深绿色	液氯	白色
硫化氢	H_2S	白色	液化硫化氢	大红色
氯化氢	HCl	银灰色	液化氯化氢	黑色
天然气（民用）		棕色	天然气	白色
液化石油气		银灰色	液化石油气	大红色
二氧化碳	CO_2	铝白色	液化二氧化碳	黑色
甲烷	CH_4	棕色	甲烷	白色
丙烷	C_3H_8	棕色	液化丙烷	白色
氦	He	银灰色	氦	深绿色
氖	Ne	银灰色	氖	深绿色
氩	Ar	银灰色	氩	深绿色
氪	Kr	银灰色	氪	深绿色
乙烯	C_2H_4	棕色	液化乙烯	淡黄色
氯乙烯	C_2H_3Cl	银灰色	液化氯乙烯	大红色
甲醚	$(CH_3)_2O$	银灰色	液化甲醚	红色

5.1.2　气瓶的充装

由于气瓶充装的危险性很大、技术性很强，我国国家市场监督管理总局于 2021 年 1 月 4 日批准颁布的《气瓶安全技术规程》(TSG 23—2021) 中要求：气瓶充装单位充装气瓶前应当取得安全生产许可证或者燃气经营许可证，具备对气瓶进行安全充装的各项条件。充装单位只能充装本单位办理使用登记的气瓶以及使用登记机关同意充装的气瓶，严禁充装未经定期检验合格、非法改装、翻新以及报废的气瓶。所以，不要擅自给气瓶充装或配制气体，一定要到指定部门进行此类工作。

5.1.3 气瓶的减压阀

实验室常用的永久性高压气瓶，都要经过减压阀使瓶内高压气体压力降至实验所需范围，再经过专用阀门细调后输入实验系统。氧气减压阀（或称氧气表）、氢气减压阀（或称氢气表）是最常用的两种。

（1）氧气减压阀

氧气减压阀的高压腔与气瓶相连，低压腔为出气口，通往实验系统。高压表的示值为气瓶内气体的压力，低压表的压力可由调节开关控制。使用时先打开气瓶的总开关，然后顺时针转动低压表调节开关将阀门缓慢打开，此时高压气体由高压室经截流减压后进入低压室。调节低压室的压力，直到合适为止。减压阀都有安全阀，它的作用是当各种原因使减压阀的气体超出一定许可值时安全阀会自动打开放气。

氧气减压阀有多种规格，必须根据气瓶最高压力和使用压力范围正确选用。使用时，减压阀和气瓶的连接处要完全吻合、旋紧，严禁接触油脂。使用完毕时，应先关好气瓶阀门，再把减压阀余气放掉，然后拧松调节开关。

（2）其他气体减压阀

其他气体减压阀可分为两类：一类可以采用氧气减压阀，如氮气、空气、氩气等；另一类是腐蚀性气体和可燃性气体等必须使用的专门气体减压阀，如氨气、氢气、丙烷等。

注意：气体减压阀不能混用！为了防止误用，有些专用气体减压阀与气瓶之间采用特殊连接方法。例如，可燃性气体（氢气、丙烷等）减压阀采用左牙纹，或称反向螺纹，这和氧气减压阀是不同的，安装时要特别小心。

5.1.4 气瓶的安全使用原则

① 气瓶应直立固定。禁止暴晒,远离火源(一般规定距明火热源 10m 以上)或其他高温热源。

② 禁止敲击、碰撞。

③ 开阀时要慢慢开启，防止升压过快产生高温。放气时人应站在出气口的侧面，开阀后观察减压阀高压端压力表指针动作，待至适当压力后再缓缓开启减压阀，直到低压端压力表指针到需要压力时为止。

④ 气瓶用毕关阀，应用手旋紧，不得用工具硬扳，以防损坏瓶阀。

⑤ 气瓶必须专瓶使用，不得擅自改装，应保持气瓶漆色完整、清晰。

⑥ 每种气瓶都要有专用的减压阀，氧气和可燃气体的减压阀不能互用。瓶

阀或减压阀泄漏时不得继续使用。

⑦ 瓶内气体不得用尽，一般应保持有 196kPa 以上压力的余气，以备充气单位检验取样和防止其他气体倒灌。

⑧ 瓶阀冻结时、液化气体气瓶在冬天或瓶内压力降低时，出气缓慢，可用温水或凉水处理瓶阀或瓶身，禁止用明火烘烤。

⑨ 在高压气体进入反应装置前应有缓冲器，不得直接与反应器相接，以免冲料或倒灌。高压系统的所有管路必须完好不漏，连接牢固。

⑩ 气瓶及其他附件禁止沾染油脂，如手或手套以及工具上沾染油脂时不得操作氧气瓶。

⑪ 用可燃性气体（如氢气、乙炔）时一定要有防止回火的装置。有的气表（即缓冲器）中就有此装置。也可以用玻璃管中塞细铜丝网安装在导管中间防止回火。管路中加安全瓶（瓶中盛水等）也可起到保护作用。

⑫ 检查气瓶有无漏气，主要方法是：一般可用肥皂液检漏，如有气泡发生，则说明有漏气现象。但氧气瓶不能用肥皂液检漏，这是因为氧气容易与有机物质反应而发生危险。用软管套在气瓶出气嘴上，另一端接气球，如气球膨胀，说明有漏气。液氯气瓶，可用棉花蘸氨水接近气瓶出气嘴，如发生白烟，说明有漏气。液氨气瓶，可用湿润的红色石蕊试纸接近气瓶出气嘴，如试纸由红变蓝，说明气瓶漏气。

⑬ 一旦气瓶漏气，除非有丰富的维修经验能确保人身安全，否则不能擅自检修。可采取一些基本措施：首先应关紧阀门；然后打开窗户通风，并迅速请有经验或专业人员检修。如为危险性大的气体钢瓶漏气，则应转移到室外阴凉、安全地带；如发生易燃、易爆气瓶漏气，请注意附近不要有明火，不要开灯。

5.1.5 气瓶的存放原则

① 气瓶最好存放在专用的房间。

② 如果必须要放在实验室内，最好要配置有自动报警系统、温度控制调节系统和自动排风系统的气瓶柜。

③ 如果不能满足上述两个条件而一定要放在室内，就必须用铁链或钢瓶架固定好。

④ 放气瓶的房间应满足几个要求：保持良好通风；室温不要超过 35℃；室内不要用明火；电气开关等最好是防爆型的；不要有易燃、易爆和腐蚀性药品。

⑤ 氧气瓶和可燃性气瓶不能同放一室。

5.1.6 气瓶的搬运原则

① 气瓶搬运之前应戴好瓶帽，避免搬运过程中损坏瓶阀。

② 搬运时最好用专用小推车，又省力、又安全。如没有专用小推车，可以徒手滚动，即一手托住瓶帽，使瓶身倾斜，另一手推动瓶身沿地面旋转滚动。不准拖拽、随地平滚或用脚踢蹬。

③ 搬运过程中必须轻拿轻放，严禁在举放时抛、扔、滑、摔。

5.2
材料学科常用设备操作规程及注意事项

5.2.1 轧管机

轧管机适用于各种规格的铜管加工，使得表面形成螺纹形状。其操作规程和注意事项有如下几点：

① 操作前仔细阅读说明书、操作规程及注意事项；

② 开机前在各运转部位加注润滑油，并检查主轴齿轮箱、进给机构和电气设备有无异常；

③ 根据被轧的管子直径大小，调整三个轧齿刀架组的距离、位置及刀架的角度；

④ 转动手轮，使水平方向的刀架进给，夹紧被轧管件；

⑤ 启动主电机，带动变速箱，通过联轴节使三组刀架旋转；

⑥ 轧制的同时开动冷却泵，向工作部位输送冷却液；

⑦ 轧管完毕后，进给机构后退，取下管件，关闭主机，关闭总电源，清理工作场地，并在必要部位加油保护。

5.2.2 小型车床

车床主要用于批量或单件车削加工各种金属、非金属的内、外圆，端面，螺纹等。其操作规程和注意事项有如下几点：

① 操作前仔细阅读说明书、操作规程及注意事项;

② 正确穿戴好劳动防护用品,认真检查机床各部位和防护装置是否完好;

③ 车床启动前,要检查手柄位置是否正常,手动操作各移动部件有无碰撞或不正常现象,润滑部位要加油润滑;

④ 根据工件材质、所要求的尺寸及加工要求精度,选择作业需要的相应刀具、夹具和卡盘并夹紧牢固,同时取下夹紧扳手,导轨上面禁止放任何物品;

⑤ 启动车床,注意车床主轴变速、装夹工件、测量工件、清除切屑或离开车床等都应停车;

⑥ 工件转动中,不得用手摸工件或用棉丝擦拭工件;

⑦ 切削时勿将头部靠近工件及刀具,人站立位置应偏离切屑飞出方向,切屑应用钩子清除,禁止用手拉;

⑧ 实验结束后,应切断机床电源,将刀具和工件从工作部位退出,清理好所使用的工具、夹具、量具和机床及实验场地。

5.2.3 开式可倾压力机

开式可倾压力机为板料冲压的通用性压力机,适用于板料冲孔、落料、弯曲、浅拉伸、翻边压印等各种冲压工艺。其操作规程和注意事项有如下几点:

① 操作前仔细阅读说明书、操作规程及注意事项;

② 检查各摩擦部分是否得到充分润滑,模具安装是否正确可靠;

③ 使飞轮与离合器脱开后,开启电动机;

④ 让压力机进行几次空行程,检查制动器、离合器及操作器的工作情况;

⑤ 装上板料,开始冲压,冲压时应定时给各润滑点加润滑油,若发生压力机工作不正常应立即停机检查;

⑥ 操作完成后,先使飞轮和离合器脱开,并断开电源,清理实验场地,并在必要部位加油;

⑦ 上机操作必须戴防护工具(手套、工作服),长发必须盘起,不得酒后操作;

⑧ 机床在工作前应空运转 2～3min,检查脚闸等控制装置的灵活性,确认正常后方可使用,不得"带病"运转;

⑨ 开机前要注意润滑,取下床面上的一切摆放物品;

⑩ 冲床启动时或运转冲制时,操作者站立要恰当,手和头部应与冲床保持一定的距离,并时刻注意冲头动作,严禁与他人闲谈;

⑪ 冲制短小工件时,应用专门工具,不得用手直接送料或取件;

⑫ 单冲时，手脚不准放在手、脚闸上，必须冲一次扳（踏）一下，严防事故；

⑬ 严禁同时冲制两块板料；

⑭ 一定要使飞轮与离合器脱开后，才可开动电动机。

5.2.4 带锯床

带锯床适用于切割普通钢、低合金钢、高坯工具钢、轴承钢、不锈钢、铜、铝等各种棒材和型材，锯割精度±0.15mm。其操作规程和注意事项有如下几点：

① 操作前仔细阅读说明书、操作规程及注意事项；

② 运行前用张紧手轮顺时针用手拧紧锯条；

③ 开始启动锯床前，先关闭无级调速阀，锯切时逐渐放大，慢慢进入，到合理进刀位置为止；

④ 检查各摩擦部分是否得到充分润滑，工件夹安装是否正确可靠；

⑤ 使锯条与样品脱开后，开启电动机；

⑥ 让锯条进行几次空行程，检查制动器、离合器及操作器的工作情况；

⑦ 装上工件，开始锯切，切割时应定时对各润滑点加润滑油，若发生不正常情况应立即停机检查；

⑧ 操作完成后，先使锯条和工件脱开，并断开电源，清理实验场地，并在必要部位加油；

⑨ 严禁戴手套和穿宽松衣服操作和维修机床；

⑩ 锯切前必须确认工件已被夹紧，并确保工件在整个锯切过程中处于夹紧状态，锯条停止运转后，才能松开工件夹紧装置；

⑪ 机床变速时必须先停机；

⑫ 检修、调整、维护和清扫时，必须切断总电源；

⑬ 机床在工作中如遇意外情况，请按急停按钮。

5.2.5 二辊冷轧机

图 5.1 为二辊冷轧机实物图。二辊冷轧机适用于铝、铅、镁等有色金属及其合金板带的冷轧。其操作规程和注意事项有如下几点：

① 操作前仔细阅读说明书、操作规程及注意事项；

② 检查各主要部件、紧固件系统有无松动，检查轧辊冷却润滑系统是否正常；

③ 打开主电柜，开启电源总开关；

④ 点击操作按钮，使轧辊上升（下降），以达到所需的要求，指示盘分度值为 0.01mm，即当指针顺时针（逆时针）旋转一圈时，压下丝杆上升（下降）1mm；

⑤ 为了消除压下丝杆的间隙，要想压下轧辊，必须先将轧辊抬起一定的距离，然后再向下压到所要求的辊缝；

⑥ 当试轧后发现两侧辊缝不一致时，可脱开离合器操作按钮，使得一侧丝杆上升（下降）一定距离，到两侧辊缝一致时，再将离合器合上；

⑦ 操作时，人、机应保持一定距离，前后操作工应保持协调一致，如有异常，及时停机检查；

⑧ 使用中必须随时关注各机构的润滑情况，及时补充润滑油，使用完后，及时停掉总电源，并清扫好设备及实验场地。

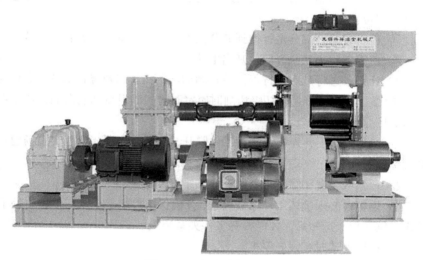

图 5.1　二辊冷轧机实物图

5.2.6　二辊热轧机

二辊热轧机适用于黑色金属、铜和铝等有色金属及其合金板带的热轧。其操作规程和注意事项有如下几点。

① 操作前仔细阅读说明书、操作规程及注意事项。

② 检查各主要部件、紧固件系统有无松动，检查轧辊冷却润滑系统是否正常。

③ 打开主电柜，开启电源总开关。按操控盒上的 主机启动 启动主电机，运行轧机，检查各部位运转有无异常，并用安全的方法清理轧辊。

④ 按操控盒上的 左上 、 右下 按钮，逐步调整压下量，使轧辊两端面压力基本平衡，并使两工作辊辊面基本接触。带载运转 5～10min，轧机运行无异常，方可开始轧制。

⑤ 根据轧制规程调整辊缝，将轧材喂入工作辊，在出料方向检查轧辊中出来材料的板型、厚度，并根据工艺要求调整辊缝。

⑥ 轧制时要适量均匀加入轧制油或开启轧辊冷却系统。

⑦ 操作时，人、机应保持一定距离，前后操作工应保持协调一致，如有异常，及时停机检查。

⑧ 轧制结束，先将轧辊调整至非工作位置；按操控盒上的 主机停止 ，关闭主机，关闭总电源，清理工作场地，并在必要部位加油保护。

5.2.7　管材矫正机

管材矫正机适用于矫正钢管及有色金属管（棒）的弯曲度，减小断面的椭圆度，改进表面粗糙度。其操作规程和注意事项有如下几点：

① 操作前仔细阅读使用说明书和安全注意事项；

② 开机前仔细检查各个部分有无故障，确认安全条件才可进行试机；

③ 清理机器周围一切阻碍操作的东西，擦净机器上的污垢灰尘，检查有无遗留在机器上的工具物件；

④ 用手转动矫正辊，应转的灵活，无卡阻、碰撞现象，无异音等；

⑤ 检查所有紧固件，不许有松动现象；

⑥ 检查电气系统的接线及绝缘效果是否良好；

⑦ 不允许将弯曲度大于 30mm/m 的管子喂入矫正机；

⑧ 管子矫正时，不允许改变管子的位置；

⑨ 生产过程中，绝对禁止机器超负荷和长期"带病"工作；

⑩ 运转中不得进行各种调整和用手触摸运动着的管子；

⑪ 操作人员不得擅自离开工作岗位，不得进行任何违章操作。

5.2.8　晶闸管式 CO_2 气体保护半自动弧焊机

晶闸管式 CO_2 气体保护半自动弧焊机适用于各种普碳钢、优质钢、低合金钢等薄板、中板、厚板的 CO_2 气体保护焊接。其操作规程和注意事项有如下几点。

① 操作前仔细阅读说明书、操作规程及注意事项。

② 检查工件与地线、焊枪、送丝、气瓶、气压表、气管等的连接是否正确、可靠。

③ 将绕有焊丝的焊丝盘装到送丝盘轴上，根据焊丝直径调节送丝轮和导电嘴，并将焊丝手动送入送丝软管，压好送丝轮。将 CO_2 气压表上加热插头插到焊机插座上。

④ 打开气瓶和气压表的气阀。

⑤ 打开焊机电源，此时风扇转动，电源指示灯亮。

⑥ 将气体开关打至"检查"调节气体流量，之后将检气开关打至"工作"；按下焊枪开关，观察送丝、送气是否正常。

⑦ 根据工艺需要选择收弧有无。

⑧ 调节面板上收弧电流、收弧电压旋钮，得到匹配的收弧电流、电压值。

⑨ 送丝机上的旋钮为正常焊接电压、电流调整旋钮。

⑩ 收弧无时：按下枪开关，开始焊接，松开枪开关，结束焊接。

⑪ 收弧有时：按下枪开关，开始焊接，松开枪开关，保持焊接，再次按下枪开关，开始收弧调节，填满弧后松开枪开关，结束焊接。

⑫ 焊接过程中，临时停止焊接但没有切断电源时，机内的主电路自动延时切断电路开始工作，延时 $2 \sim 3min$ 后如还没有继续使用，机器的主电路将被切断，达到安全和节能作用。当重新开始使用时，机器的主电路将会自行恢复工作。

⑬ 焊接操作结束后，关上气瓶阀门，松开送丝机的压丝手柄，按枪开关放掉气压表中的余气，最后切断焊机电源和总电源。

⑭ 操作时，应穿戴长袖工作服、焊帽、皮手套及焊接面罩。

⑮ 焊接的正确调整是焊接工作的关键，焊接电流的大小可以靠调节送丝速度调节，对于同一规格的焊丝，送丝速度越大焊接电流越大。

⑯ 手指、头发、衣服不得靠近风扇、送丝轮等旋转部位。

⑰ 送丝时，枪口不得朝向人体，以免焊丝送出时伤人。

⑱ 工作时，焊机机壳必须可靠接地，不得将机壳打开使用。

5.2.9 手工电弧焊机

手工电弧焊机利用焊条与焊件之间的电弧热，使焊条金属与母材熔化形成焊缝而进行焊接。其操作规程和注意事项有如下几点。

① 操作前仔细阅读说明书、操作规程及注意事项。

② 打开前面板的电源开关，使电源开关位置为"ON"位置，此时电源开关指示灯亮，机内风机开始旋转。

③ 根据工件的厚度，调节"焊接电流调节旋钮"和"引弧推力旋钮"，使焊接性能达到要求；一般情况下，焊接焊条与焊接电流对应值为：$\phi2.5:70\sim100A$；$\phi3.2:110\sim160A$；$\phi4.0:170\sim220A$；$\phi5.0:230\sim280A$。

④ 指示灯亮时，表示设备因过热进入保护状态，过热是过载导致机内温度过高，而过流则因为电流过大或其他干扰。当过流、过载消失后，设备将重新进入正常运行状态。

⑤ 操作时，应穿戴防护服、防护手套及焊接面罩。

⑥ 操作时，注意通风处有无被覆盖或堵塞，焊机与周围物体距离应不小于0.3m，以确保良好通风条件。

⑦ 使用时注意焊机允许的负载持续率，保持焊接电流不超过最大的允许负载电流。

⑧ 使用前，注意接地电缆线有没有可靠接地，防止释放静电或漏电发生事故。

⑨ 焊机工作超过负载持续率，停止工作进入保护状态时，不用拔出电源插头，以便风扇对其冷却，待红色指示灯熄灭后，重新开始焊接。

⑩ 焊机出问题时，应立即拔下电源插头。

⑪ 通电时，禁止让手、头发以及工具等靠近机内带电器件。

⑫ 避免水或水汽进入焊机内部。

5.2.10　冷室压铸机

冷室压铸机可供压铸中等大小的铝、锌、铜等有色合金压铸件。其操作规程和注意事项有如下几点：

① 操作前检查电气、液压各部位工作状态；

② 安装模具时处于手动状态，模具浇口必须对准机器中心口，模具压板要压紧，安装结束时注意检查滑块、抽芯等部件是否装好；

③ 检查模具是否锁适宜，过紧曲肘伸不直，过松会产生飞料；

④ 避免带油污、水分、杂质的料投入坩埚中，加料要预热，慢慢投入坩埚之中；

⑤ 在模具中取料或放嵌件要有专用工具，禁止徒手操作；

⑥ 拆卸任何液压部件，应先关掉电机油泵，松开泄压阀，使压力回到零，否则内存压力会产生危险；

⑦ 停机较长时间应切断三相电源；

⑧ 机器蓄能器充氮时需使用专用工具，且不可用其他气体代替氮气；

⑨ 机器工作时严禁机器模具分型面两侧站人，以防飞料伤人；

⑩ 实验完成后，关闭电源，并清扫好设备及实验场地。

5.2.11　四辊冷轧机

四辊冷轧机属中小型带材压延机，主要适用于生产冷轧铜、铝及其他低碳合金钢带。其操作规程和注意事项有如下几点：

① 操作前仔细阅读说明书、操作规程及注意事项；

② 检查各主要部件、紧固件系统有无松动，检查轧辊冷却润滑系统是否正常；

③ 打开主电柜，开启电源总开关，按操控盒上的 主机开 启动主电机，将调速旋转开关逐步调整使主电机转速至 200～300r/min，空转 1～3min，检查各部位运转有无异常，并用安全的方法清理轧辊；

④ 将主电机转速调整至 800r/min，并逐步调整压下量（操作盒上 同上 、 同下 、 左上 、 左下 、 右上 、 右下 按钮），使轧辊两端基本平衡，并使两工作辊基本接触，带载运转 5～10min，检查各部位有无异常，并使轧机预热，无异常，方可开始轧制；

⑤ 轧制时，将主电机转速调整至 200～400r/min，后将轧材喂入工作辊，在出料方向检查轧辊中出来材料的板型、厚度，并根据工艺要求调整速度和压下量（应严格按照说明书规定的技术参数使用设备，不得超范围、超负荷使用，并严格执行指定的轧制工艺制度）；

⑥ 轧制过程中，根据不同母材、不同工艺在轧辊表面加不同的润滑油和冷却液；

⑦ 操作时，人、机应保持一定距离，前后操作工应保持协调一致，如有异常，及时停机检查；

⑧ 当负载工作时，主电机转速一般不得低于 800r/min，如初步工作时确实需要 200～400r/min，一般不得超过 15s，否则容易引起电机发热甚至烧毁现象；

⑨ 轧制结束，先将轧辊调整至非工作位置，按操控盒上的 主机关 ，关闭主机，关闭总电源，清理工作场地，并在必要部位加油保护。

5.2.12　卧式挤压机

卧式挤压机适用于铝、铜、镁、银等有色金属型材的热挤压加工，采用全液压驱动，自动化电气控制的四柱卧式结构，有手动和半自动两种操作方式。其操作规程和注意事项有如下几点：

① 打开电源设备总开关；

② 按下挤压筒加热开关，设置好预热温度，开始进行挤压筒预热；

③ 待挤压筒预热到设定温度后，打开急停开关，启动主机油泵；

④ 将设备工作状态置于"自动"挡，空机运行2～3个行程；

⑤ 确定设备运行正常后，安装好预热模具；

⑥ 将加热好的坯料放入送锭架上，装好挤压垫片进行挤压；

⑦ 挤压过程中，注意一只手始终不离开黄色"停止"开关，眼睛密切注视挤压动态；

⑧ 挤压结束后，卸下模具，清理干净挤压筒；

⑨ 依次关闭油泵、挤压筒加热开关，按下红色急停开关，断掉设备电源总开关；

⑩ 实验时遵守学校的相关规章制度；

⑪ 实验前检查设备运行状态，正常方可进行挤压；

⑫ 挤压时，非操作人员应站在设备操作面板一侧远距离观察实验过程；

⑬ 挤压过程中所有人员不得站在出料口的正前方，严禁探头观察出料口；

⑭ 实验结束后，清理干净实验场地和设备后方可离开。

5.2.13　线切割机床

线切割机床，适用于切割淬火钢、硬质合金或特殊金属材料的直壁、通孔、细缝槽及形状复杂的异形零件。其操作规程和注意事项有如下几点：

① 将机床丝筒导轨、丝杆、齿轮注入机械油，保证机构运转灵活；

② 检查工作液箱内的工作液是否充足，水管和出水嘴是否通畅；

③ 检查电极丝是否装在导轮V形槽内，与导电块、断丝保护块接触良好；

④ 检查电机丝张力，若张力不足，需先张紧电极丝；

⑤ 观察步进电机是否吸住，刻度盘能否回零；

⑥ 打开控制柜上总电源开关，启动计算机，输入切割程序；

⑦ 将控制柜上的丝速开关、功率管开关、中精加工规准开关、断丝保护开关、定中心选择开关拨到适当位置；

⑧ 设定好合理的丝筒速度后，将变频、加工、进给、高频打开，工作液泵启动，调节好工作液流量，操作计算机预编切割程序进行加工；

⑨ 加工完成后，首先切断高频电源，再关工作液泵，待轮中残留液排出后，

关丝筒电机，最后关控制柜电源；

⑩ 清理实验场地和机床，并在必要部位加油保护。

5.2.14 卧式升降台铣床

卧式升降台铣床是一种通用金属切屑机床，机床主轴锥孔可直接或通过附件安装各种圆柱铣刀、端面铣刀等刀具，用于加工各种中、小型零件的平面、斜面、沟槽、孔、齿轮等。其操作规程和注意事项有如下几点：

① 操作前仔细阅读使用说明书和安全注意事项。

② 检查铣床手柄部位是否正常，按照规定加注润滑油，并低速空载运行测试。

③ 刀杆、拉杆、夹头和刀具要在开机前装好并拧紧，主轴的选择不能完成卸载。

④ 装夹工件要稳固，装夹毛坯件时，工件下放皮垫，以免工作台破损。

⑤ 安装铣刀前应该检查刀具是否对号操作，铣刀尽可能靠近主轴安装并调试。

⑥ 铣床工作时应该先进行手动进给，而后自动走刀，先拉开手轮，不准放到两端位置而撞坏丝杠，在快速行程操作状态下，需要先检查是否会有相撞现象，以免机件造成破坏。

⑦ 注意切削时禁止用手摸刀刃和加工部位，测量和检查工件必须停车并且切削时不准调整工件。

⑧ 主轴停止前，需先停止进刀，如果切削深度较大，退刀应该先停车，挂轮时需要先切断电源，挂轮间隙要恰当，以免造成挂轮脱落。

⑨ 铣床自动走刀时，手柄和丝扣要脱开，工作台不能走到两个极限位置，限位块要安置牢固。铣床运转时，禁止空手或用棉布清扫机床，人不能站在铣刀的切线方向上，不能用嘴吹切屑。

⑩ 铣床加工完毕后，应该先关闭电源，并将手柄放到空挡上，工作台移动到正中位置，铣床无输油管道进行铣刀降温的，操作人员必须用刷子和机油进行铣刀降温，避免铣刀烧坏。

⑪ 操作结束后需要检查润滑油使用情况，并清扫铣床周围的切屑和杂物等，对设备进行清洗保持光亮。

5.2.15 表面粗糙度测量仪

图 5.2 为表面粗糙度测量仪实物图。表面粗糙度测量仪配置不同传感器，可

图 5.2　表面粗糙度测量仪实物图

分别检测平面、圆柱面、内孔、深槽、曲面等表面粗糙度。其操作规程和注意事项有如下几点：

① 将样板放置在 V 形中心块上，使样板纹路方向与传感器滑行方向垂直，调低传感器使其与样板平行，传感器触针要与样板垂直。

② 鼠标选中"样板测量"，传感器就在样板表面滑行，样板的粗糙度波形及测量值就被显示在"实测 Ra 值"提示框中。

③ 观察被测波形，如果与所提供的样板相符合，则在"样板 Ra"提示框中输入样板值，选择"校准确认"，则仪器的偏差就会被自动校准好。

④ 仪器在测量以前进行初次校准后，在一段时间内可不用重新校准，但更换传感器或仪器重新安装后必须要重新校准。

⑤ 将零件放置在倾斜工作台的 V 形槽内，调低传感器使之与零件测量面平行且保证传感器导头及测针与被测面接触良好。

⑥ 根据检测要求，选择截止波长和评定长度。

⑦ 点击"测量开始"，仪器自动进行一次测量。

⑧ 测量完毕，零件表面的粗糙度波形、粗糙度值将显示在相应的提示框中。

⑨ 测量结果自动保存到当前软件安装路径下，文件名为当前测量时间。

⑩ 避免碰撞、剧烈震动、重尘、潮湿、油污、强磁场等情况的发生。

⑪ 传感器是仪器的精密部件，应精心维护，如发现探头部分有污物，可用小毛刷蘸点酒精轻轻擦拭干净。

⑫ 技术图样上未作规定时，传感器的测量方向应与被测制件表面的加工纹理相垂直，当制件表面纹理不规则或难以辨认时，应用传感器从几个不同方向测量被测表面，并取最大值为最终测量结果。

⑬ 测量仪使用完毕后应关闭电源开关，并将样板擦净后放入盒内。

5.2.16 真空加压铸造机

真空加压铸造机适用于金、银、铜等贵金属及其合金的熔炼与铸造。其操作规程和注意事项有如下几点：

① 操作前仔细阅读说明书、操作规程及注意事项；

② 检查气压表是否有压力显示，水箱的水是否冷却与干净；

③ 打开电源开关，检查出水口是否正常出水，打开微电开关；

④ 打开倒模缸，放入所需倒模的金属，按加热键，熔解锅开始加热；

⑤ 熔解锅里面的金属熔解完成，再把已加热的倒模石膏模具放入下面倒模缸内，倒模缸推入后会自动升起和上缸紧密吻合；

⑥ 按下倒模键，自动倒模时间到后，下倒模缸自动降下，倒模缸拉出，倒模缸内的石膏模具自动升起；

⑦ 使用完，及时关掉电源，并清扫好设备和实验场地。

5.2.17 简易式感应熔炼炉

简易式感应熔炼炉适用于金、银、铜等贵金属的熔炼、铸造、撒珠造粒、热处理等工艺。其操作规程和注意事项有如下几点：

① 操作前仔细阅读说明书、操作规程及注意事项；

② 打开冷却水；

③ 依次合上外部电源开关、设备后面空气开关、前面面板电源开关；

④ 调整感应圈形状以适应工作加热要求；

⑤ 将加热电流调节旋钮调至所需位置；

⑥ 按启动按钮或按住脚踏开关，开始加热，此时加热灯闪烁，输出电流显示加热电流；

⑦ 松开脚踏开关，或按停止按钮，停止加热；

⑧ 实验结束时先关前面的电源开关，再关外部总开关，然后关水，并清扫好设备和实验场地。

5.2.18 坩埚熔炼炉

坩埚熔炼炉适用于铝、镁、铅、锡、锌及巴氏合金等低熔点有色金属的熔化和熔炼。其操作规程和注意事项有如下几点：

① 工作前应按规定穿戴好劳动保护用品;

② 打开炉盖,清扫炉内杂物,检查热电偶、加热电阻丝有无损坏,若无异常,合上电源控制开关;

③ 使用完好无损且无裂纹的石墨坩埚盛好待熔材料,放置在炉膛中央,盖好炉盖;

④ 在温控器上设定好熔化温度,打开开关,开始加热熔炼;

⑤ 熔炼结束后,关闭温控开关,用工具小心取出石墨坩埚,操作时不可碰到热电偶;

⑥ 开始浇注,浇注时小心谨慎操作,铸模内溶液不可浇注过满,残余金属液不得随意乱倒;

⑦ 实验结束后,关闭电源空气开关,清扫实验场地。

5.2.19　箱式高温烧结炉

箱式高温烧结炉操作规程和注意事项有如下几点:

(1) 操作规程

① 接通总电源后,打开电源开关"Lock",智能仪表点亮。

② 输入控温程序曲线,即设定 $c\,xx$(某一点的温度)与 $t\,xx$(某一段的时间)。

③ 运行曲线结束一定要设置结束语"$t\,xx$ 为-121"!

④ 按下绿色"Turn-on"按键,听见"嘭"的一声,主继电器吸合。

⑤ 设备运行一段时间后(一般在 200～300℃左右),若上下显示窗的温度偏差还不能消除,或控温程序运行时控温精度太低、偏差过大或温度上下摆动过于频繁,可在自己使用最高温度的 80%温度段启动自整定功能来协助仪表自动确定其内部 M5、P、t 控制参数。

⑥ 程序运行结束后,仪表处于"Stop"的基本状态。若中途需要停止运行控温程序,按下红色"Turn-off"按键使主继电器断开。

⑦ 关闭"Lock"开关切断控制电源。

⑧ 关闭总电源,工作结束。

(2) 注意事项

① 使用前必须要在炉膛内先加上垫块。

② 炉子首次使用或长时间不用后,要在 120℃左右烘烤 1h,在 300℃烘烤 2h 后使用,以免造成炉膛开裂。

③ 为了不影响设备的使用寿命,建议最大升温速率和降温速率为 10℃/min。

④ 定期检查温度控制系统的电气连接部分的接触是否良好,应特别注意加

热元件的各连接点是否紧固。

⑤ 不可通入易燃易爆气体，不建议通入腐蚀性气体。

⑥ 使用一段时间后，炉膛会出现微小的裂纹，属于正常现象，但并不影响正常使用，且可用氧化铝涂层进行修复。

5.2.20　ZP 系列箱式电阻炉

ZP 系列箱式电阻炉适用于化学分析、物理测量，金属、陶瓷的烧结和熔解，小型钢件等加热、焙烧、烘干、热处理。操作规程和注意事项有如下几点。

（1）操作规程

① 开机：接通总电源后，打开电源开关，仪器上显示窗 PV 显示炉内温度；下显示窗 SV 为温度值和 STOP 符号交替显示状态。

② 设定参数：按 SET 键并保持 2s 进入参数设置，首先显示 H、AL 按键，分别可以增加和减少参数值，按 SET 键确定设定值并显示下一参数，确定所有参数设定正确后，退出参数设定状态。

③ 编排程序：按照 5.2.19 中的操作规程第②～⑤步介绍的方法设定升温程序。

④ 升温：按键并保持 2s，下显示窗有 RUN 的字符显示，光柱有输出指示，即表示升温程序开始执行。

⑤ 实验结束：程序执行完毕，降至室温，取出实验物品。

⑥ 关机：关掉设备电源开关，切断总电源。

（2）注意事项

① ZP 系列 A 型电源进线电压为 220V/380V 交流电。额定功率见铭牌。

② 确保电源线、插头和开关容量与设备功率相匹配。

③ 电源进线与接线柱必须接紧，防止发热和打火花。

④ 炉膛门撞击后易损坏，操作时应小心开关炉门，存取灼烧物时应轻放，防止碰撞炉膛门。

⑤ 高温灼烧时，严禁打开炉门，防止高温骤冷引起炉膛破裂。

⑥ 初次使用或 15 天以上不用，气候又比较潮湿，再次使用时应进行烘炉。

⑦ 控制参数中参数锁 LCC=0，禁止用户修改，否则有可能致使仪器控制程序紊乱。ZP 系列 A 型最高使用温度见铭牌，禁止超温运行。

5.2.21　电子万能试验机

图 5.3 为电子万能试验机实物图。该设备是通过控制器，经调速系统控制伺

服电机转动，经减速系统减速后通过精密丝杠带动移动横梁上升、下降，完成试样的拉伸、压缩、弯曲、剪切等多种力学性能试验。该设备可测试橡胶、塑料、皮革、金属、尼龙线、织物、纸及航空、包装、建工、车辆等材料，可进行拉力试验、压力试验、剥离试验、撕裂试验、剪弯试验。操作规程和注意事项有如下几点：

① 制取试样。按照所遵循的标准要求制备试样，并进行试样预处理。

② 打开试验机的电源开关，然后打开计算机，最后打开打印机。

③ 在电脑上运行与试验机配套的软件。

④ 根据试样选择安装夹具，并根据试样的长度及夹具的间距设置好限位装置。

⑤ 夹持试样。先将试样夹在接近力传感器的夹头上，力清零消除试样自重后再夹持试样的另一端。

⑥ 如使用电子引伸计或大变形夹，则把电子引伸计或者大变形夹夹在试样上。

⑦ 根据具体的试验要求和标准设计试验方案，设置合适的基本参数和速度，并选择需要的用户参数和结果参数。

⑧ 设计好试验方案，按运行命令进行测试。

⑨ 生成试验报告。

图 5.3　电子万能试验机实物图

5.2.22　旋转滴界面张力仪

旋转滴界面张力仪采用旋转滴的方法，测量液体的表面张力、液-液界面张力以及液-固接触角。应用领域：三次采油（化学驱）的室内研究及现场监测；表面活性剂、洗涤剂、乳状液和泡沫的研究；燃料油、润滑剂、油漆、油墨及涂料的研究；纸制品、感光材料、农药等方面的研究等。操作规程和注意事项有如下几点：

① 启动 TX500C 接触角测量仪应用程序。

② 在温度选项框中设置所需要的温度。

③ 把试样装入样品管中，再把样品管套上聚四氟乙烯密封盖，置入腔体中，拧上旋盖。

④ 设置适当的转速。

⑤ 单击转速选项框中的"ON"按钮，使转速达到预定值。使温度达到了设定值之后，单击拍照按钮获取图像。

⑥ 选中要测量的图像。

⑦ 单击菜单选项中显示计算窗口菜单项，调出测量对话框。

⑧ 鼠标在图像上分别单击上端和下端。

⑨ 在测量对话框中输入密度差的值，单击计算界面张力按钮，得出测量值。

5.2.23　压样机

压样机操作规程和注意事项有如下几点。

① 接通电源，电源指示灯亮。

② 打开摆臂，装入粉料，合上摆臂，拧紧螺旋杆，按下启动按钮。

③ 压头快速上行，调节电接点压力表上限至压片所需的压力，当压片压力达到电接点压力表下限压力时开始放缓加压动作，当达到设定的保压时间时系统泄压，泄压时间结束后压头慢速下行退模，延时结束后系统停机。

④ 对要制备的样品需搅拌均匀，放置样品的容器要清理干净，防止样品的交叉污染，制备样品时样品要严格称量，钢环要清理干净。

⑤ 每次进行压样前，可以使用酒精棉清理模具凹面，保证没有上次样品粉末的残留，模具压头放置要平整，可以自由转动，以免压坏模具。

⑥ 进行压样操作时，操作员严禁脱岗，一旦发现异常响动，要紧急按下红色停止按钮，打开摆臂，看压头是否放置平整，油箱内是否缺油，液压油是否浑油。

⑦ 压样机液压油使用 46 号抗磨液压油，代号为：YB-N46，运动黏度为：41.4～74.8m²/s，液压油工作温度为：15～65℃，每半年通过油标观察一次液压油。使用最高压力为：22MPa，严禁超过最大压力。电源为：三相、AC380V，功率为：1.3kW，打开摆臂，按下绿色启动按钮，模具应该上升，否则调整三相线序或者检查电源是否缺相。

⑧ 压样机不使用时，应当把仪器右侧开关关闭，电源指示灯熄灭。

5.2.24 真空热压烧结炉

该设备是用石墨作发热元件的立式真空电阻炉，外有框架式双立柱支承体，以液压油缸升降为压力源，可供金属化合物、陶瓷、无机化合物、纳米材料等在真空或保护气氛中加热压制产品。其操作规程和注意事项如下。

① 开启主电源、热压炉循环水及空气压缩机。

② 将热压实验用模具或烧结实验用坩埚装好。

③ 真空操作：所有阀门关闭；按指定顺序依次打开机械泵、上蝶阀、下蝶阀及扩散泵，迅速进入高真空状态（若材料充气烧结，无需达到高真空系统）；达到所需真空度时即可打开加热系统。

④ 加热操作：在 300℃以下时采用手动升温，在低温时炉温均匀性不好，自动升温波动会很大；达到 300℃以上可以采用自动升温模式。升温的最快速率为 10℃/min。

⑤ 液压操作（此步骤针对热压实验）：模具装入炉膛，炉盖关闭后，油缸运行方向选择上升，用起始压力将模具中粉料压实，观察位移变化，位移小于100mm 时，位移数值无变化说明粉料压实，上下模具接触。

⑥ 停机操作：根据用户工艺，高真空不使用后，先关闭主挡板阀，停止扩散泵加热，待扩散泵冷却到常温后关闭下蝶阀。停止加热后，待温度降到 200℃以下时可以关闭连接炉体的阀门，在扩散泵已经停止后，停掉机械泵。当炉温、扩散泵温度都降到安全温度后，液压部分也处于停止状态，可以停止冷却水。所有机械部分都停止后，停止气源、电源及水源。

5.2.25 激光焊接机

图 5.4 为激光焊接机实物图。激光焊接就是利用激光束优良的方向性和高功率密度等特点来进行工作的。通过光学系统将激光束聚集在很小的区域，在极

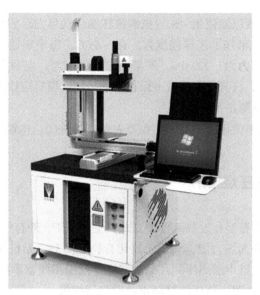

图 5.4　激光焊接机实物图

短的时间内，使被焊处形成一个能量高度集中的局部热源区，从而使被焊物熔化并形成牢固的焊点和焊缝。本设备主要适用材质：铝、不锈钢、金、银、合金、钢、金刚石等同种材料或异种材料。主要用于薄壁材料、精密零件的焊接，可用于工业自动焊接，可进行自动点焊、直线焊、圆周焊、图形焊、编程焊、对接焊、叠焊、密封焊等。其操作规程和注意事项如下：

① 首先启动制冷机电源，冬季温度设定在 23℃，夏季设定在 26℃。

② 制冷机稳定后，用钥匙打开"总控"开关，启动计算机主机，打开焊接软件"LC"。

③ 按下控制台的"激光"圆形按钮，单击小屏幕"开机"，显示"正常工作"以后再进行下一步。

④ 打开氮气瓶的阀门。开氮气瓶前确认通气管是否完好无损，再慢慢打开阀门。

⑤ 通过"上升""下降"及软件调整焦距，正常聚焦距离约为 132mm。

⑥ 焊接路径可通过 G 代码进行编程，也可以采用示教功能，模拟运动轨迹，实时对运动路径进行调节。单击"开启示教"按钮，调整试样位置，根据所需路径类型选择下一点位置，直至整个路径完成。

⑦ 示教完成后，通过软件设定加工速度，在小屏幕调整电流、脉宽、频率参数，如果提示超过工作范围，请重新修改参数。

⑧ 所有参数及焊接路径设定完毕后，请勿直接开始焊接，先单击"红光"，再单击"空走"，模拟焊接过程是否正确。

⑨ 空走确认无误后，单击"气阀"，通入氮气，单击"开始"进行焊接。

⑩ 完成实验后，关闭氮气瓶阀门，单击小屏幕"关机"，关闭激光系统。

⑪ 然后依次关闭焊接软件、计算机主机、"总控"开关、制冷机电源。

⑫ 收拾好所有物品，结束实验。

⑬ 若焊接机长时间未使用（超过 2 个月），使用前必须更换制冷机的循环水，须使用纯净水。

⑭ 焊接时请勿直视，以免激光辐射损伤眼睛。

⑮ 请勿直接将激光打在工作台，试样下方须垫加金属挡板，以免损坏工作台。

⑯ 无操作经验人员，不得擅自开启设备，须由相关人员指导实验。

5.2.26 光亮退火炉

光亮退火炉可通氮气、氢气、氩气等保护气体，可满足温度 1200℃以下各种保护气氛、各种金属试样加热要求，用于气体渗碳、氮化、碳氮共渗、保护加热淬火、光亮退火、脱碳退火等，具有升温速度快、密封性能好、保温效果好、操作方便等特点。其操作规程及注意事项如下：

① 控制柜加热程序仪表设定前，先确认加热启动关闭，循环水泵开启。

② 加热启动后，当炉温升高至 100℃通氮气。开氮（氢）气瓶压力表前确认通气管是否完好无损、流量计是否关闭，再慢慢打开减压阀，调节流量计。

③ 完成实验，电源关闭后，保持通水、通气，待炉温降低至 200℃以下时可关闭氮气，炉温降低至 100℃以下关闭循环水。

④ 炉子长时间未使用（超过 3 个月），使用前必须先烘炉 200℃×12h。

⑤ 循环水温度设定在 23℃（夏季）。

⑥ 所有程序设定时，第一步温度均设定为 200℃，时间为 15min。时间设定：200～900℃最快需要 1h 40min，以供参考。

⑦ 操作过程中时刻注意模盒压力表不能超过 3kPa，否则关小流量计和减压阀。

⑧ 升温过程中 3 个表中电流值不能超过 25A，否则重新设定升温时间和速率。

⑨ 突然断电时，循环水入口应立即接通自来水，出水管拔出水箱直排户外。

⑩ 炉子通氢气实验时，负责人本人必须在场。

5.2.27 多功能内耗仪

内耗仪记录了由于材料内部机制导致机械能的损耗随温度、应变和频率变化的过程，直接反映了材料的力学性能以及材料中缺陷（间隙、空位、杂质、表面、晶界）的动力学过程（弛豫、扩散、湮灭、吸附）。通过内耗测量，可以获得杨氏/切变模量、固溶度、扩散系数、激活能、弛豫时间、相变激活能等缺陷动力学参数。其操作规程及注意事项如下：

① 选择合适的配重，其选择原则是配重量稍大于摆杆重量，在自由衰减模式时，先对称调节两个摆锤之间的距离或重量，并选择合适的配重。

② 精确测量试样的厚度、宽度和半径。

③ 将试样紧固于上、下夹头之间，整个摆动部分与其他部件无接触。

④ 精确测量两夹头之间的有效长度。

⑤ 判断工作温区，确定是否需要抽真空和充 Ar 气和加载冷却系统。

⑥ 系统整机供电，检查各功能柜是否供电正常。

⑦ 检查平行光源并调整至光电池中间部位。

⑧ 打开自动化控制软件，按照界面提示设置输入样品尺寸、测量温度范围、工作频率、振动模式、振幅范围等参数后，运行控制软件。

⑨ 检查计算机传输给温控仪的控温参数是否正确。

⑩ 启动电炉加热开关，为加热炉供电。

⑪ 随时巡视仪器是否工作正常。

⑫ 测量完毕，关闭各功能柜电源和系统总电源以及相关工作附件（如冷却系统、真空系统等）。

⑬ 启动内置低温加热炉升温前，需用万用表仔细检查加热炉是否与外部设备短接。如果加热丝与外部设备短路，将会导致温控柜内输出保险丝熔断，并影响仪器测量精度。

5.2.28 蠕变机

图 5.5 为蠕变机实物图。用于各种金属及合金材料在一定的温度和恒定的拉伸试验力的作用下，测量材料的蠕变性能和持久性能。是冶金部门、科研机构、质检部门、高等院校及有关工矿企业进行材料性能检验和研究的常用设备。其操作规程及注意事项如下：

① 试验前检查各紧固件是否松动，按键、电机、高温炉是否正常。

② 打开电源开关，启动电脑，运行并登录试验控制软件。

③ 在控制软件里登记试样，设置试验条件，包括试验类型、试验温度、保温时间、试验时间或停机条件等。

④ 按要求正确装夹试样及热电偶，检查同轴度。

图 5.5　蠕变机实物图

⑤ 设置温控仪表目标温度及控制参数。

⑥ 在试验软件中单击"开始"按钮，在弹出的对话框中选择该试样的试样编号，单击"确定"按钮开始试验。

⑦ 试验结束，系统自动保存试验数据，并报警提示。

⑧ 打开高温炉卸载试样，关闭电源。

⑨ 严禁在高温（炉膛温度≥300℃）条件下打开炉门。

⑩ 试样装夹后应检查同轴度，以提高试验精度，减少试验误差。

⑪ 对于计算长度≥100mm 的试样，把三个热电偶用石棉绳捆绑在试样的计算长度两端和中点位置；对于计算长度<100mm 的试样，把三个热电偶用石棉绳捆绑在试样的中间位置和上下夹具的末端位置，使得热电偶的上、中、下位置与温控器的上、中、下标记一致。

⑫ 试验过程中应通冷却循环水，以免高温影响。

⑬ 力传感器、引伸机构和蠕变测量机构属于精密的零部件，使用过程中要十分小心，不得碰撞，以免变形而影响测量精度。

5.2.29　离心机

离心机是利用离心力，分离液体与固体颗粒或多相液体的混合物中各组分的机械。实验室常用的是电动离心机，其转动速度较快。为了提高离心机使用性能及寿命，减少离心机使用安全隐患，使用离心机时需要注意以下事项：

① 使用离心机时必须使用试管垫或将其套管底部垫上棉花。

② 禁止使用老化、变形及伪劣的离心试管。

③ 电动离心机在使用时如有噪声或机身振动时，应立即切断电源，及时排除故障。

④ 启动离心机时，应盖上离心机顶盖后，方可慢慢启动。

⑤ 分离结束后，先关闭离心机后方可打开离心机盖。

⑥ 离心时实验者不得离开。

⑦ 使用离心机时，应避免穿戴宽松的衣服、领带，长发不可披肩。

⑧ 摆放离心管时要注意受力平衡。

5.2.30　反应釜

反应釜是一种低高径比的圆筒形反应器，用于实现液相单相反应过程和液-液、气-液、液-固、气-液-固等多相反应过程。反应器内常设有搅拌装置。在反应过程中物料需加热或冷却时，可在反应器壁处设置夹套，或在反应器内设置换热面，也可通过外循环进行换热。使用反应釜时需要注意以下事项：

① 在使用反应釜前先检查与反应釜有关的管道和阀门，在确保符合受料条件的情况下方可投料，同时检查搅拌电机、减速机、机封等是否正常，减速机油位是否适当，机封冷却水是否供给正常。

② 严格执行工艺操作规程，密切注意反应釜内温度和压力以及反应釜夹套压力，严禁超温和超压。

③ 若发生超温现象立即用水降温，降温后的温度应符合工艺要求。

④ 若发生超压现象，应立即打开放空阀，紧急泄压。

⑤ 若因停电造成停车，应立即停止投料；若投料途中停电，应立即停止投料，打开放空阀，给水降温；若长期停车应将釜内残液清洗干净，关闭底阀、进料阀、进气阀、放料阀等。

5.2.31　烘箱

为加强实验室烘箱管理，减少烘箱使用安全隐患，实验室使用烘箱时需要注意以下事项：

① 烘箱应安放在室内干燥和水平处，防止振动和腐蚀。

② 要注意安全用电，根据烘箱耗电功率安装足够容量的电源闸刀，足够的电源导线，并应有良好的接地线。

③ 禁止烘易燃、易爆、易挥发及有腐蚀性的物品，或者用酒精、丙酮淋洗过的玻璃仪器。

④ 在加热和恒温的过程中必须将鼓风烘箱的风机开启，否则会影响工作室温度的均匀性并且会损坏加热元件。

⑤ 烘箱在使用时，温度切勿超过烘箱的最高使用温度。

⑥ 工作完毕后应及时切断电源，且保持烘箱内外干净。

⑦ 电热烘箱一般只能用于烘干玻璃、金属容器和在加热过程中不分解、无腐蚀性的样品。

5.2.32　微波消解仪

微波消解仪是指用各种酸或者部分碱液与待测样品混合后，经微波封闭加热，从而使样品在高温高压条件下快速溶解的仪器。微波消解仪在使用过程中需要注意以下事项：

① 陶瓷管外壁和内壁要擦干净，不能有污渍，防止爆炸。

② 陶瓷外管和消解管使用时都不能有水，否则容易爆炸或发生机器故障。

③ 绝对不能消解汽油、甘油、乙醇、炸药等易燃易爆化学物质。

④ 每次用完仪器后，要保持仪器清洁，特别注意探头和接口处不能有污渍，否则容易短路。

5.2.33　液相色谱质谱仪

图 5.6 为液相色谱质谱仪实物图。在使用高效液相色谱（HPLC）仪/高效液相色谱质谱仪时需要注意以下事项：

① 所有的溶剂均选用 HPLC 级试剂。

② 连接质谱仪时，禁止使用含挥发性缓冲盐的流动相，流动相中如含有挥发性缓冲盐，必须用 5%甲醇或 5%乙腈冲洗；水相流动相需经常更换，防止长菌变质。

③ 样品均用 0.45μm 的滤膜过滤后才可进样，超高效液相色谱必须用

0.22μm 的滤膜过滤。

    ④ 色谱柱用合适的溶剂保存，若为 C_{18} 柱推荐用甲醇保存。

    ⑤ 质谱的真空度一般要大于 $10^{-6}Pa$，在此范围内仪器才可正常工作。

图 5.6　液相色谱质谱仪实物图

5.2.34　气相色谱质谱仪

    图 5.7 为气相色谱质谱仪实物图。气相色谱仪常用于分离挥发性物质，气相色谱质谱仪是将气相色谱仪与质谱仪进行串联。使用过程中应注意以下事项：

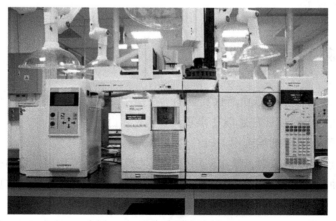

图 5.7　气相色谱质谱仪实物图

① 务必记住开机前先开载气，关闭仪器时最后关气。

② 在仪器运行过程中，禁止通过电源开关重启质谱仪，如遇特殊情况，可通过重启按钮来实现质谱仪的重启。

③ 测试样品前处理过程必须符合仪器要求。

④ 气相色谱的使用应注意用气安全。

5.2.35 X 射线光电子能谱仪

图 5.8 为 X 射线光电子能谱仪实物图。X 射线光电子能谱仪是一种表面分析仪器，主要用于表征材料表面元素和化学状态，是材料科学领域重要的仪器。在使用过程中应注意以下事项：

① X 射线光电子能谱的待测样品必须无磁性、无放射性以及无毒性。

② 样品应不吸水，且在超高真空中及 X 射线照射下不分解。

③ 样品必须不含挥发性物质，以免对高真空系统造成污染。

④ 样品的存放必须使用玻璃制品（如称量瓶、表面皿等）或者铝箔，不得使用塑料容器和纸袋。

⑤ 制备样品时应使用聚乙烯手套，不得使用塑料手套和塑料工具。

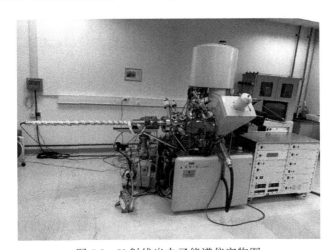

图 5.8 X 射线光电子能谱仪实物图

5.2.36 ICP-AES

图 5.9 为电感耦合等离子体原子发射光谱仪（ICP-AES）实物图。电感耦合

等离子体原子发射光谱仪主要用于金属元素的分析检测，应用领域包括材料科学、环境科学、医药食品等。使用过程中应注意以下事项：

① 高纯氩气和高纯氮气应存放在阴凉、通风处；每次安装好减压阀后，必须进行检漏。

② 点燃等离子体前，应先打开通风系统，确保炬室门封闭，锁扣到位。

③ 开启电感耦合等离子体原子发射光谱仪，应先开气源，再开循环水，最后开高频电源，关闭仪器按相反的步骤进行。

④ 打开炬室门前，应先封闭等离子体，5min 以后方可进行炬室的处理工作。

⑤ 仪器操作结束后，必须封闭高频开关。

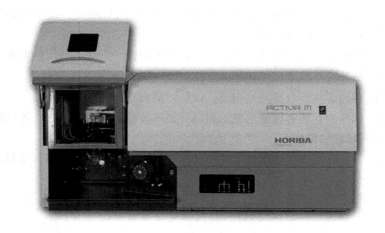

图 5.9　电感耦合等离子体原子发射光谱仪实物图

5.2.37　X 射线衍射仪

图 5.10 为 X 射线衍射仪实物图。X 射线衍射仪是利用衍射原理，精确测定物质的晶体结构、织构及应力，精确地进行物相分析、定性分析、定量分析。广泛应用于冶金、石油、化工、科研、航空航天、教学、材料生产等领域。

（1）粉末样品制样方法

粉末样品应干燥，粒度一般要求约 10～80μm，应过 200 目筛子（约 0.08mm），且避免颗粒不均匀。用药匙取适量样品于玻璃样品架中间的槽里，另取一块盖玻片，用盖玻片轻轻将样品压紧，并将高出样品架表面的多余粉末刮去，如此重复几次使样品表面平整。将样品架边缘的样品刮掉，擦干净即可进行测试。

图 5.10　X 射线衍射仪实物图

注意事项：玻璃样品架易碎、数量有限，使用要千万小心，如有损坏按原价赔偿。制样时用力要均匀，不可力度过大，以免形成粉粒定向排列。样品一定要刮平，且与样品架表面高度一致，否则会引起测量角度和对应 d 值偏差。

（2）其他样品制样方法

对不易研碎的样品，可先将其处理成与窗孔大小一致，磨平一面，再用橡皮泥或石蜡将其固定在窗孔内，固定时橡皮泥或石蜡等请注意略低于样品，不要与样品齐平。片状、纤维状或薄膜样品也可类似固定在样品架的窗孔内，应注意使样品表面与样品架平齐。

（3）样品测量

按设备右立柱上面"Open door"按钮，听到开门声后，打开玻璃门，放入样品。（注意：每次打开门前，都需要先按"Open door"按钮。）确认尤拉环的 7 个自由度，Tube、Detector=3，Phi、chi、X、Y、Z=0（输入 3 或 0，并打钩选中）。确认"locked Coupled"测量模式，若不是要改为该模式。步宽一般用 0.02°，扫描速度默认为 0.15s/步。特殊情况下，可改变步宽和扫描速度，速度一般为 0.1～0.5s/步。测量角度（2θ）范围可根据需要改变，一般为 10°～90°。除特殊扫描，最大允许设置范围为 5°～100°。单击"Start"，开始测试，显示相应的角度和强度峰值。如未显示，需请管理员处理。测试过程中，设置样品名称 Sample ID。测试完毕后在"File"中保存数据到 F 盘的相应文件夹中。用时间命名文件夹+当日实验顺序号+自己需要的标识，比如 20210901-1-XX。使用 Raw File exchange 软件将测试文件 RAW 格式转为 UXD 格式（可用 notepad 和 excel 打开），存在当日文件夹下。请务必如实填写仪器登记本，委托人填学生姓名，同时填好导师姓名和记账单。测试完所有样品后将样品架先冲洗干净，然后置于超声清洗器中再次清洗干净，放在桌面上，并将桌面和地面垃圾清理干净，不要关闭 XRD 软件，直接离开。

（4）注意事项

每次开玻璃门都需要先按"Open door"按钮，否则门打不开。小心开门、关门，轻推轻拉，避免猛力碰撞。每次关门后再将门把手上的按钮进一步扣紧，再次确认关好。一定要关好门后再开机，否则高压自动关闭，需复位系统高压发生器。升电压和电流时，先升电压，后升电流，不能升太快，每次最多升降 10kV/mA，关机时相反，先降电流后降电压，此过程升降较大会影响仪器寿命。关闭高压后一定要等待 5 ～10min 后方可关闭主机电源，否则会损害设备。不要改动设置条件。每次实验尽可能采用相同参数，否则无法比较。测试电压为 40kV，电流 30～35mA，测试前需确认。整个实验过程中，禁止直接关闭 XRD Cammand 软件。如有任何问题，不要擅自处理，请及时联系仪器管理员。

5.2.38　扫描电镜

图 5.11 为扫描电镜实物图。扫描电镜是介于透射电镜和光学显微镜之间的一种微观形貌观察手段，是各种材料表征的重要手段。使用过程中应注意以下事项：

① 进入扫描电镜室应当穿戴鞋套，进行操作时应保持室内卫生情况，防止灰尘及其他碎屑污染。

② 样品必须为固体，必须在真空条件下可以长时间保持稳定。

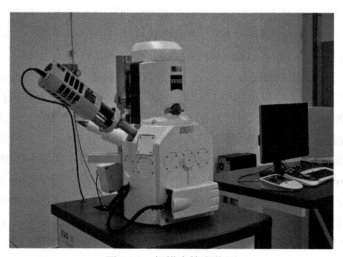

图 5.11　扫描电镜实物图

③ 在样品制备时可将样品置于导电胶带或者硅片上面，需经强力吸耳球吹去粘不牢固的样品。

④ 对于导电性不好的样品必须先进行镀金操作。

⑤ 样品高度不能超过样品舱的安全高度，且必须用导电胶带固定牢固，以防样品在抽真空时发生脱落。

⑥ 开关样品舱门时，送样杆必须沿轴线方向进行推拉，必须待样品舱推拉到位时再进行下一步的操作，以防损坏设备。

⑦ 进行扫描电镜测样时一定要按规定进行操作。

5.2.39 透射电镜

图 5.12 为透射电镜实物图。透射电镜是一种高分辨率、高放大倍数的显微镜，是材料科学研究的重要手段，能提供极微细材料的组织结构、晶体结构和化学成分等方面的信息。使用过程中应注意以下事项：

① 对于金属和生物样品必须通过离子减薄和超薄切片机进行制样处理。

② 样品必须进行干燥处理，磁性样品不能放进样品舱。

③ 空气压缩机要定期放水。

④ 高压箱内的 SF_6 气体的压力要保持在 0.012MPa 左右。

⑤ 确保机械泵内没有异常声音，离子泵真空度小于 $2\times10^{-5}Pa$。

⑥ 做 ACD 烘烤维护时要确保所有的光阑必须退出。

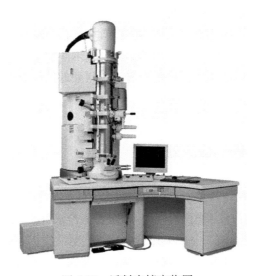

图 5.12　透射电镜实物图

5.3
实验过程中的应急处理

材料实验室仪器设备多为机械设备，其特点为高速、旋转、重大等，极易发生机械性损伤。实验室常发生的机械性损伤包括割伤、刺伤、挫伤、撕裂伤、撞伤、砸伤、扭伤等。对于轻伤，处理的关键是清创、止血、防感染。当伤势较重，出现呼吸骤停、窒息、大出血、开放性或张力性气胸、休克等危及生命的紧急情况时，应临时实施心肺复苏、控制出血、包扎伤口、骨折固定、转运等。

5.3.1 开放性轻伤的应急处理

对于较轻的开放性损伤，处理的关键是清创、防感染。具有步骤如下：

① 伤口浅时，先小心取出伤口中异物。伤口深时，如发生较深的刺伤，先不要动异物，紧急止血后应及时送医院处理。

② 用冷开水或生理盐水冲洗伤口，擦干。

③ 用碘酒或酒精消毒周围皮肤。

④ 伤口不大，可直接贴创可贴。若没有创可贴，或伤口较大时，取消毒敷料紧敷伤口处，直至停止出血。

⑤ 用绷带轻轻包扎伤处，或用胶布固定住。伤口深时，应按加压包扎法止血。

注意：切勿用手指、用过的手帕或其他不洁物触及伤口，不能用嘴对着伤口呼气，以防伤口感染。伤口较深者，应急处理后应立即送到医院使用抗生素和注射破伤风抗毒血清防止感染。

5.3.2 闭合性损伤的应急处理

闭合性损伤的急救关键是止血。具体方法如下。

① 冷敷：用自来水淋洗伤处或将伤处浸入冷水中 5~10min。或者用冷水浸透毛巾，放在伤处，每隔2~3min 换一次，冷敷半小时。若在夏天，可用冰袋冷敷。

② 取适当厚度的海绵或棉花一块，放在伤处，用绷带稍加压力进行包扎。

③ 应将伤处抬高，使其高于心脏水平，以减少伤处充血。

④ 若伤处停止出血，急性炎症逐渐消退，但仍有瘀血及肿胀（通常在受伤一两天后），为使活血化瘀，宜做热敷（热水袋敷、热毛巾敷或热水浸）、按摩或理疗。

注意：在损伤初期（24～48h内），应及时冷敷，以使伤处血管收缩，减轻局部充血与疼痛，且不宜立即做热敷或按摩，以免加剧伤处小血管出血，导致伤势加重。

5.3.3　严重流血者的急救

由于大量失血，可使伤员在 3～5 min 内死亡。因此对严重流血者的急救关键是切勿延误时间，对伤处直接施压止血。

急救操作步骤如下：

① 搀扶伤者躺下，避免伤者因脑缺血而晕厥。同时尽可能抬高其受伤部位，减少出血。

② 快速将伤口中明显的污垢和残片清除。

③ 用干净的布、卫生纸按压伤口，若没有这些材料时可直接用手按压伤口。

④ 保持按压直到血止。保持按压 20 min，期间不要松手窥察伤口是否已停止流血。

⑤ 在按压期间，可用胶布或绷带（或一块干净的布）将伤口包扎起来以起到施压的作用。

⑥ 如果按压伤口仍然无法起到止血的作用，可握捏住向伤口部位输送血液的动脉，同时另一只手仍然保持按压伤口的动作。

⑦ 血止以后，不要再动伤者的受伤部位。此时不要拆除绷带，应尽快地将伤者送医急救。

手的压力和扎绷带的松紧度以能取得止血效果但又不致过于压迫伤处为宜。不要试图取出那些较大的或者嵌入伤口较深的物体。不要拆除绷带或者纱布，即使包扎以后血还不停地通过纱布渗透出来也不要把纱布拿去，应该用更多的吸水性更强的布料缠裹住伤口。胳膊上的动脉在腋窝和肘关节之间的手臂内侧，腿部的动脉在膝盖后部和腹股沟处。

5.3.4　骨折固定

对骨折部位及时进行固定，可以制动、止痛或减轻伤员痛苦，防止伤情加重和休克，保护伤口，防止感染，便于运送。

骨折固定的要领是：先止血，后包扎，再固定。固定用的夹板材料可就地取材，如：木板、硬塑料、硬纸板、木棍、树枝条等；夹板长短应与肢体长短相称；骨折突出部位要加垫；先扎骨折上下两端，然后固定两关节；四肢需露指（趾）；胸前需挂标志。骨折固定好后应迅速送往医院。

5.3.5 头部机械性伤害

头皮裂伤是由尖锐物体直接作用于头皮所致。实验室中可能发生的头部机械性伤害有头发卷入机床造成的头皮撕裂、高空坠物造成的头皮伤害等。

较小的头皮裂伤可剪去伤口周围毛发，再用碘酒或酒精等消毒伤口及周围组织，再用无菌纱布或干净手帕包扎即可。较大的头皮裂伤，由于头皮血液循环丰富，因此出血比较多，处理原则是先止血、包扎，然后迅速送往医院。由于头皮供血方向是从周围向顶部，故用绷带围绕前额、枕后，作环形加压包扎即可止血。对出血伤口局部可用干净的纱布、手帕等加压包扎，也可直接用手指压迫伤口两侧止血。

若发生头皮撕脱，要迅速包扎止血。由于头皮撕脱，疼痛剧烈，伤员高度紧张易发生休克，必须安慰伤员，让其放松、坚持。对撕脱的头皮则需用无菌或干净的布巾包好，放入密封的塑料袋内，再放入盛有冰块的保温瓶内，同伤员一起迅速送往医院。

5.3.6 碎屑进入眼睛的应急处理

若木屑、尘粒等异物进入眼内，可由他人翻开眼睑，用消毒棉签轻轻取出异物，或任眼睛流泪带出异物，再滴入几滴鱼肝油。

玻璃屑进入眼内的情况比较危险。这时要尽量保持平静，绝不可用手揉擦，也不要试图让别人取出碎屑，尽量不要转动眼球，可任其流泪，有时碎屑会随泪水流出。用纱布轻轻包住眼睛后，立刻将伤者送去医院处理。

5.3.7 伤员搬运

在医务人员来到之前，切勿任意搬动伤员，但若继续留在事故区会有进一步遭受伤害危险时则要将伤员转移。转移前应尽量设法止住流血，维持呼吸与心跳，并将一切可能有骨折的部位用夹板固定。搬运时，应根据伤情恰当处理，谨防因方法不当而加重伤势。对所有的重伤员均可采取仰卧位体位。搬运时先了解伤员伤处，三个搬运者并排单腿跪在伤员身体一侧，同时分别把手臂伸入伤员的肩背部、腹臀部、双下肢的下面，然后同时起立，始终使伤员的身体保持水平，不得使身体扭曲。三人同时迈步，并同时将伤员放在硬板担架上。颈椎损伤者应再有一人专门负责牵引、固定头颈部，不得使伤员头颈部前屈后伸、左右摇摆或旋转。四人动作必须一致，同时平托起伤员，再同时放在硬板担架上。

第<big>6</big>章

实验室废弃物的处理

　　实验室废弃物是指实验过程中产生的三废（废气、废液、固体废物）物质、实验用剧毒物品、麻醉品、化学药品残留物、放射性废弃物、实验动物尸体及器官、病原微生物标本以及对环境有污染的废弃物。

　　与工业三废相比，实验室废弃物数量上较少，但其种类多、成分复杂、具有多重危险危害性，如燃、爆、腐蚀、毒害等。由于不便集中处理，实验室废弃物处理成本高、风险大。长期以来，实验室处理废弃物，除剧毒物质外，废液、废气等几乎都是稀释一下就自然排放了，对待固体废物则按生活垃圾处理。经过长时间的积累后，这些废弃物会对周边的水环境、大气环境、土壤环境、生态环境和人体健康造成严重影响。因此必须加强对实验室废弃物的管理，正确处置、处理实验室废弃物。

　　我国颁布了多项法律法规，如：《中华人民共和国环境保护法》《中华人民共和国废弃物污染环境防治法》《中华人民共和国水污染防治法》《病原微生物实验室生物安全环境管理办法》《废弃危险化学品污染环境防治办法》等，从法律上、制度上来保证和规范对实验室废弃物的管理。

6.1

实验室废弃物的一般处理原则

6.1.1　处理实验废弃物的一般程序

① 鉴别废弃物及其危害性。
② 系统收集、储存实验废弃物。
③ 采用适当的方法处理废弃物以减少废弃物的数量。
④ 正确处置废弃物。

6.1.2　实验废弃物及其危害性的鉴别

实验废弃物及其危害性的识别对实验室废弃物的收集、存放、处理、处置至关重要。了解实验废弃物的组成及危害性为正确处置这些废弃物提供了必需的信息，可按下面方法对实验废弃物进行鉴别。

（1）做好已知成分废弃物的标记

养成对实验废弃物的成分进行标记的习惯，不论废弃物的量是多少，在盛放废弃物的容器上标明它的成分及可能具有的危害性及储存时间，这将为安全处置废弃物提供便利。

（2）鉴别、评估未知成分废弃物

对于不明成分的废弃物，可通过简单的实验测试其危害性。我国颁布了《危险废物鉴别标准》，规定了腐蚀性鉴别、急性毒性初筛和浸出毒性，危险废物的反应性、易燃性、感染性等危险特性的鉴别标准。对于其他危害性目前还没有制定相应的鉴定标准，鉴定时只能参考国外的有关标准。

（3）废弃物的收集和储存

在实验废弃物处理过程中，不可避免地涉及收集和储存的问题。在废弃物收集和储存时需要注意下面的问题：

使用专门的储存装置，放置在指定地点。相容的废弃物可以收集在一起，不具相容性的实验室废弃物应分别收集储存，切忌将不相容的废弃物放在一起。做好废弃物标签，将标签牢固贴在容器上。标签的内容应该包括：组分及含量、危害性、开始存储日期及储缓日期、地点、存储人及电话。避免废弃物储存时间过长，一般不要超过 1 年，应及时做无害化处理或送专业部门处理。对感染性废弃物或有毒有害生物性废物，应根据其特性选择合适的容器和地点，专人分类收集进行消毒、烧毁处理，需日产日清。对无毒无害的生物性废弃物，不得随意丢弃，实验完成后将废弃物装入统一的塑料袋密封后贴上标签，存放在规定的容器和地点，定期集中深埋或焚烧处理。高危类剧毒品、放射性废物必须按相关管理要求单独管理储存，单独收集清运。回收使用的废弃物容器一定要清洗后再用，废弃不用的容器也需要作为废弃物处理。

（4）废弃物的再利用及减害处理

实验废弃物应先进行减害性预处理或回收利用，采取措施减少废弃物的体积、重量和危险程度，以降低后续处置的负荷。回收再利用废弃的试剂和实验材料。对用量大、组分不复杂、溶剂单一的有机废液可以利用蒸馏等手段回收溶剂；对玻璃、铝箔、锡箔、塑料等实验器材、容器也尽量回收利用。废弃物的减容、减害处理。通过安全适当的方法浓缩废液；利用化学反应，如酸碱中和、沉淀反应等消除或降低其危害性；拆解固体废弃物，在实现废弃物的减容减量的同时实现资源的回收利用。在对废弃物的再利用及减害处理过程中，需要注意做好个人防护措施。

（5）废弃物的正确处置

对于经过减害处理的废气可以排放到空气中。对于经过灭菌处理的生物、医学研究废物可按一般生活垃圾处理。对减害处理后，重金属离子浓度和有机物含量（TOC）达到排放标准的不含有机氯的废液可直接排放至城市下水管网中。其他有害废弃物，如含氯的有机物、传染性物质、毒性物质、达不到排放标准的物质等，需要将这些废弃物交由合法的、有资质的专业废弃物处理机构处理。焚烧是处理废弃物，尤其是有害废弃物的一种办法，但对废弃物的焚烧必须取得公共卫生机构和环卫部门的批准。焚烧废弃物时，应使用二级焚烧室，温度设置在1000℃以上，焚烧后的灰烬可作生活垃圾处理。

6.2
实验室废弃物的处理

材料实验室废弃物为可分为废气、有机废液、无机废液、有机固体废弃物、固体废弃物、超过有效使用期限或已经变质的化学品及空试剂瓶等。

6.2.1 污染源的控制

为减少对环境的污染，实验室教学和科研活动中应采用无污染或少污染的新工艺、新设备，采用无毒无害或低毒低害的原材料，尽可能减少危险化学物品的使用，以防止新污染源的产生。在进行实验时，可将常规量改为微量，既节约药品、减少废物生成，又安全。使用易挥发化学品的实验操作必须在通风橱内进行。实验室应定期清理多余试剂，按需购置化学试剂、药品，鼓励各实验室之间交换共享，尽可能减少试剂和药品的重复购置和闲置浪费现象。在保证安全的前提下，回收有机溶剂，浓缩废液使之减容，利用沉淀、中和、氧化还原、吸附、离子交换等方法对废弃物进行无害化或减害处理。

6.2.2 实验废弃物的收集与储存

（1）收集实验废弃物的注意事项

实验室废液应根据其中主要有毒有害成分的品种与理化性质分类收集，装入专用的废液桶或废物袋中（一般废液不超过容器容积的70%～80%）。在收集容器上贴上废弃物登记标签，标签上应该明确标示出有毒有害成分的全称或化学式（不可写简称或缩写）以及大致含量、收集日期、收集人及电话。同时将该废弃物收集信息登记在专用的"化学废弃物记录单"中，以备查用。

（2）实验废弃物储存时的注意事项

化学性质相抵触或灭火方法相抵触的废弃物不得混装，要分开包装、分开存储。如氰化物、硫化物、氟化物与酸，有机物与强氧化剂等均不可相互混合。图6.1为化学实验废液相容表，在收集、存储废液时，可参照此表。收集的废液、固体废弃物应放置在专门的区域，与实验操作区隔离，并保证阴凉、干燥、通风。

6.2.3 化学实验废弃物的处置与管理

（1）一般废弃物的处置与管理

实验室的废弃化学试剂和实验产生的有毒有害废液、废物，严禁向下水口倾倒。不可将废弃的化学试剂及沾染危险废物的实验器具放在楼道等公共场合。不得将危险废物（含沾染危险废物的实验用具）混入生活垃圾和其他非危险废物中储存。不含有毒有害成分的酸、碱、无机废液（如盐酸、氢氧化钠等）可经适当中和、充分稀释后排放。提倡对废液进行安全无害的浓缩处理，提倡提

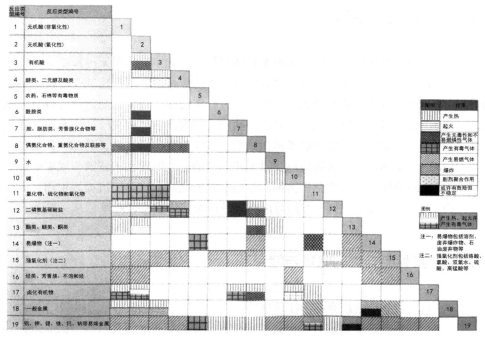

图 6.1　化学实验废液相容表

纯回收有机溶剂再利用。接触危险废物的实验室器皿（包括损毁玻璃器皿、空试剂瓶）、包装物等，必须完全消除危害后，才能改为他用，或集中回收处理。不能处理的废弃物交给本单位相关管理人员，委托有资质的废弃物处理机构处置。禁止将废弃化学药品提供或委托给无许可证的单位从事收集、储存、处置等活动。

（2）管制类废弃物的处置与管理

废弃剧毒化学品应填写"废弃剧毒试剂登记表"，交到本单位相关管理人员及设备管理员处，由专人负责与主管部门联系处理。放射性废弃物是管制物品，不可擅自处理。

6.2.4　常见化学废弃物的减害处理方法

（1）无机废液

无机酸类：用过量含碳酸钠或氢氧化钙的水溶液或废碱液中和。含氢氧化钠、氨水的废液：用盐酸水溶液中和，稀释至 pH 值 6～8。含氟废液：加入消石灰乳（氢氧化钙浆）至碱性，放置过夜，过滤。含铬废液：先在酸性条件下加入硫酸亚铁将 Cr(Ⅵ) 还原为 Cr（Ⅲ），再投入碱使之沉淀为 Cr(OH)$_3$，进行再利用。含汞废液：可调节 pH 值至 6～10 后，加入过量硫化钠使之沉淀。含砷废液：加入 Fe^{3+} 及石灰乳使之沉淀，分离。含氰废液：务必先将 pH 值调至碱性，加入硫代硫酸钠、硫酸亚铁、次氯酸钠、高锰酸钾使之生成硫氰酸盐。含多种重金属离子废液：将其转化为难溶于水的氢氧化物或硫化物沉淀除去。

（2）有机废液

不含卤素的有机溶剂：易被生物分解的可稀释后直接排放，难分解的可送至专业机构焚烧，含有重金属的对其氧化分解后按无机类废液处理。含氮、硫、卤素类的有机溶剂：一般送至专业机构焚烧，焚烧时必须采取措施除去其燃烧产生的有害气体，难燃的物质则采取萃取、吸附及水解处理。油脂类：送至专业机构焚烧。

（3）废气

对毒害性大的废气可采用冷凝、吸收、吸附、燃烧、反应、过滤器过滤等净化措施处理。

6.3
放射性污染与放射性废物的处理

6.3.1 放射性污染的处理

在放射性物质生产和使用的过程中，时常会发生人体表面和其他物体表面受到污染的现象，不但影响操作者本身的健康，也会污染周围的环境。一般的轻微污染，即那些放射毒性较低、污染量较小的事件，在一定的时间和条件支持下，可以进行相应的清洗，清洗污染的过程越早效果越好。如果污染情况较为严重，特别是有人员损伤的情况下，属于放射性事故，应参照放射性事故应急处理程序进行处置。

常规轻微的放射性污染清理处置的方法如下。

① 工作室表面污染后，应根据表面材料的性质及污染情况，选用适当的清洗方法。一般先用水及去污粉或肥皂刷洗，若污染严重则考虑用稀盐酸或柠檬酸溶液冲洗，或刮去表面，或更换材料。

② 手和皮肤受到污染时，要立即用肥皂、洗涤剂、高锰酸钾、柠檬酸等清

洗，也可用 1%二乙胺四乙酸钙钠和 88%的水混合后擦洗；头发如有污染也应用温水加肥皂清洗。不宜用有机溶剂及较浓的酸清洗，若这样做则会促使污染物进入体内。

③ 对于吸入放射性核素的人，可用 0.25%肾上腺素喷射上呼吸道或用 1%麻黄素滴入鼻孔使血管收缩，然后用大量生理盐水洗鼻、漱口，也可用祛痰剂（氯化铵、碘化钾）排痰，眼睛、鼻孔、耳朵也要用生理盐水冲洗。

④ 清除工作服上的污染时，如果污染不严重，及时用普通清洗法即可；污染严重时，不宜用手洗，要用高效洗涤剂，如用草酸和磷酸钠的混合液。如果一时找不到这些清洗剂，可将受污染的衣物先封存在一个塑料袋内，以避免大面积污染。

⑤ 有些污染不适合使用上述方法清洗，应咨询专家，具体分析污染内容再做处理。

6.3.2　放射性废物的管理与处置

放射性废物是指含有放射性核素或被放射性污染，其活度和浓度大于国家规定的清洁控制水平，并预计不可再利用的物质。生产、研究和使用放射性物质以及处理、整备（固化、包装）、退役放射性物质等过程都会产生放射性废物。

对于放射性废物中的放射性物质，现在还没有有效的方法将其破坏，以使其放射性消失。目前只是利用放射性自然衰减的特性，采用在较长的时间内将其封闭，使放射强度逐渐减弱的方法，达到消除放射污染的目的。

（1）放射性废物的储存

实验室应有放射性废物存放的专用容器，并应防止泄漏或玷污，存放地点还应有效屏蔽防止外照射。放射性废物的存放应与其他废物分开，不可将任何放射性废物投入非放射性垃圾桶或下水道。

放射性废物的储存要防止丢失，包装完整易于存取，包装上一定要标明放射性废物的核素名称、活度、其他有害成分以及使用者和日期。应经常对存放地点进行检查和监测，防止泄漏事故的发生。

放射性废物在实验室临时存放的时间不要过长，应按照主管部门的要求送往专门储存和处理放射性废物的单位进行处置。

（2）放射性废物的处理

放射性废物处理的目的是降低废物的放射性水平和危害，减小废物的体积。在实际放射性工作中，合理设计实验流程，合理使用放射性设备、试剂和材料，尽量能做到回收再利用，尽量减少放射性废物的产生量。优化设计废物处理，防止处理过程中的二次污染。放射性废物要按类别和等级分别处理，从而便于储存和进一步深化处理。

① 放射性液体废物的处理　稀释排放：对符合我国《电离辐射防护与辐射源安全基本标准》（GB 18871—2002）中规定浓度的废水，可以采用稀释排放的方法直接排放，否则应经专门净化处理。浓缩储存：对半衰期较短的放射性废液可直接在专门容器中封装储存，经一段时间，待其放射强度降低后，可稀释排放。对半衰期长或放射强度高的废液，可使用浓缩后储存的方法。通过沉淀法、离子交换法和蒸发浓缩法等手段，将放射物质浓缩到较小的体积，再用专门容器储存或经固化处理后深埋或储存于地下，使其自然衰变。回收利用：在放射性废液中常含有许多有用物质，因此应尽可能回收利用。这样做既不浪费资源，又可减少污染物的排放。可以通过循环使用废水，回收废液中某些放射性物质，并在工业、医疗、科研等领域进行回收利用。

② 放射性固体废物的处理　对可燃性固体废物可通过高温焚烧大幅度减小容积，同时使放射性物质聚集在灰烬中。焚烧后的灰分可在密封的金属容器中封存，也可进行固化处理。采用焚烧方式处理，需要有良好的废气净化系统，因而费用高昂。

对无回收价值的金属制品，还可在感应炉中熔化，使放射性被固封在金属块内。经压缩、焚烧减容后的放射性固体废物可封装在专门的容器中，或固化在沥青、水泥、玻璃中，然后将其埋藏在地下或储存在设于地下的混凝土结构的安全储存库中。

③ 放射性气体废物的处理　对于低放射性废气，特别是含有半衰期短的放射物质的低放射性废气，一般可以通过高烟筒直接稀释排放。

对于含有粉尘或含有半衰期长的放射性物质的废气，则需经过一定的处理，如用高效过滤的方法除去粉尘，碱液吸收去除放射性碘，用活性炭吸附碘、氪、氙等。经处理后的气体，仍需通过高烟筒稀释排放。

实验室安全管理制度（样例）

一、实验室安全管理办法（总则）

　　为加强学院实验室管理，维护校有资产的使用效益，保证学院教学、科研工作的正常进行，促进学院各项事业的发展，特制订本学院实验室管理办法。

　　实验室管理的主要任务是：建立和健全各项规章制度，推动实验室及仪器设备的合理配置和有效使用。在保证正常教学、科研和行政管理使用的前提下，鼓励依法依规进行有偿使用。

　　为了加强对学院实验室管理的统一和协调，在遵循学校各项实验室管理规章制度的基础上，学院成立实验室管理领导小组，其职责是：

　　① 审议学院有关资产管理的重要制度，研究和确定学院有关资产管理的方针、制度；

　　② 全面领导和监管校有资产的有偿服务，研究和拟订学校资产有偿服务的有关制度；

　　③ 依照有关规章制度，提出对实验室负责人的考核建议；

　　④ 对严重违反学校及学院实验室管理制度，造成重大损失的单位及责任人，向学院提出处理意见；

　　⑤ 实验室管理由实验室管理领导小组统一领导，由院长任组长，书记、分管院长任副组长，成员分别由实验室主任、专职实验室管理员和学科平台负责人组成。

二、实验室用房管理制度

　　① 实验室所有权属于学校，由学院统筹实验室布局及使用安排。

② 在保障正常的教学实验用房需求前提下，鼓励学院教师以科研团队的形式有偿使用实验室。

③ 有偿内容主要包括实验室面积、水电费，有偿形式包括教学、科研业绩及经济形式。

④ 原则上，为保证本科教学的顺利进行，实验前一周停止非本科教学实验活动，以保证实验室设施完好，并做好实验室安全卫生工作。

⑤ 本科教学实验室设施维护由各实验中心负责，科研平台实验室设施维护由相关负责人负责。

⑥ 未经许可，严禁私占实验室和存放设备。

三、仪器设备使用管理制度

① 教学用实验室仪器设备由专职实验员负责管理，科研平台实验室仪器设备由相关负责人管理。每台仪器设备必须建卡立账，做到账、物、卡相符，当仪器设备管理权变更，需及时办理仪器设备交接手续。对各种仪器设备，必须建立技术档案，并制定相应的"操作规程和使用注意事项"。

② 实验员对所管理的仪器设备要做好日常维护和定期检修工作，切实做好仪器设备的防潮、防尘、防光、防热、防火、防震、防锈、防腐蚀、防爆、防冻等"十防"工作，使仪器设备经常处于完好状态。

③ 实验室与设备使用实行预约使用制度，预约周期根据实验室及设备使用情况另行确定，具体使用实验室、设备与时间由管理员安排。

④ 原则上，为保证本科教学的顺利进行，实验前一周停止非本科教学实验活动，以保证仪器设备完好。

⑤ 节假日期间使用实验设备须向实验中心提出正式申请，经批准后提前借领钥匙。借用期间，实验室的管理由借用人全面负责。

⑥ 操作人员必须接受实验中心每年定期组织的培训，获得资质后方可操作仪器设备。

⑦ 使用仪器设备前，应先检查仪器是否完好，并按要求做好必要的准备工作。操作过程中必须严格遵守仪器设备的"操作规程和使用注意事项"，要切实注意设备及人身安全，严防失火、爆炸、触电等事故发生。凡不遵守实验室管理规定，违反"操作规程和使用注意事项"，且不听从劝告者，实验员有权提出质询，直至取消操作资格。

⑧ 在操作过程中仪器设备如遇异常情况或故障，操作人员应及时向实验员反映，并采取正确措施及时处理，以免造成事故和设备进一步损坏。

⑨ 实验室内未经许可，严禁搬动设备、工具。

⑩ 实验后要做好仪器设备的整理、复原和清洁工作，并填写仪器设备使用记录，及时归还实验室钥匙，严禁私配钥匙。

⑪ 仪器设备损坏，应及时安排维修，尽快修复。教学设备仪器正常损坏由实验中心负责维修（学院给予一定工作量）或经学院批准后外委维修，非正常损坏经学院实验室管理领导小组鉴定后视责任大小酌情处理；科研平台仪器设备损坏由科研平台负责人负责处理维修。对损坏后无法修复或无修复价值的仪器设备，由使用单位按学校规定的审批程序申请报废处理。

⑫ 凡属违章操作造成仪器设备损坏，擅自拆卸而造成仪器设备损坏，保管不善造成仪器设备丢失，或安全管理不力而发生失盗造成财产损失等情况的，均要按相关规定作出相应的处理。

四、实验室物资管理制度

① 实验室物资包括教学实验耗材和低值易耗品。

② 教学实验耗材是指在实验过程中，经过一次使用，即已消耗或者不能恢复原状态的物资。例如，实验过程中所需使用的由金属或非金属制成的各种原材料，以及燃料、药品和各种试剂等。

③ 低值易耗品是指在使用过程中容易损耗的，既不属于固定资产，又不属于耗材和低值耐用品范围的物品。例如，单价在 800 元以下用于行政办公或者用于实验室的各种用具、用品，以及实验过程中易耗的玻璃器皿、各种元件、零配件等。

④ 实验指导教师（原则上为任课教师）根据本科实验教学计划提前一学期上报实验耗材至各实验中心，由各实验中心汇总审核，报学院审批，并分类组织采购。

⑤ 任何科研团队和个人购置用于科研的各种低值易耗品、实验耗材等，其经费在相应的科研项目经费中支出，并自行管理。

⑥ 对采购的物资到货后，有关实验中心应及时组织验收、入库，并做好建账、分类存放和标识工作。在物资验收过程中如发现问题，应及时做好记录，妥善处理。

⑦ 学院实验室管理领导小组应加强对学院物资采购工作的监督，防止采购活动中有违规、违纪等不良行为。

⑧ 实验耗材领用必须提前一周申请。

⑨ 领用或借用物品及工具，要办理审批和登记手续。对于非一次使用消耗

品及剩余物品，使用后要及时回收，并做好登记。对于实验室领用的易燃、易爆、剧毒类实验耗材，须经所在学院分管领导批准，并在实验室主任、专职实验员在场下，根据实际所需用量发放，做好领用登记。对于领出的这类物品，要对其使用过程进行严格的监管。

⑩ 低值耐用品要妥善保管和使用，如发生人为损坏和丢失事故，要酌情赔偿。

五、实验室卫生管理制度

① 实验中心主任为所管实验中心的安全卫生责任人，全面负责实验中心的安全卫生工作。专职实验员负责实验室日常安全卫生工作，实验指导教师负责实验期间所用实验室的安全卫生工作。责任人必须认真履行实验室的安全卫生工作职责。

② 实验室应根据需要配齐相应的消防器材，消防器材必须放在显眼、方便使用的地方。

③ 实验员必须对实验室的消防器材、用电设施及防盗设施等进行定期检查，发现问题及时处理，自己无法解决的应及时向实验室主任报告，由学院报告有关部门及时处理。

④ 专职实验员和实验指导教师使用后要关好水电、门窗。

⑤ 实验用的易燃、易爆、剧毒等物品，按每次实验需用量到仓库领取，对每次实验的实际用量要进行登记。对实验后所剩余的少量易燃、易爆、剧毒品，要严格管理，并及时放回仓库。实验后的污水要妥善处理。

⑥ 严禁在实验室内煮食、堆放杂物，以及进行其他一切非教学性活动。

⑦ 寒暑假期前，各实验中心要安排做好实验室的封存、借用和安全保卫工作。

六、实验室信息资料收集管理制度

① 加强实验室的基本信息收集整理工作，使信息能更好地为实验室建设、科研与教学工作服务。

② 全体教师应经常注意收集、整理有关实验室建设资料，如会议资料、参观学习总结报告、教材、厂家的设备及产品资料等，并主动提交至实验中心保管。

③ 收集、总结、积累实验室内的基本信息资料，主要内容有：实验室建设、发展与扩大过程中的重要事件变化资料。收集实验教学改革的计划、实施办法

及改革成果与有关经验总结资料。收集、整理有关实验项目开发、变更与开出情况。收集仪器设备的运行技术状态及功能开发和实验装置改造的资料。收集实验人员变动和职称变更情况以及发表论文数、获奖情况。收集实验室用房调整及基础设施改造情况。收集整理有关实验教学任务，分组情况，实验人数、学时数及教学工作量计算结果等资料。收集整理科研及社会服务完成情况。

④ 由各实验中心专职实验员负责实验室基本信息统计、整理、汇总和上报，全体教师必须积极配合实验室信息资料收集提交工作。

七、实验室建设管理制度

（1）立项范围与原则

符合学校实验室发展规划，符合学校学科发展和课程建设需要的实验室的改造和新建。学院整体考虑，统一规划，合理布局，避免不必要的重复建设。

（2）立项申报及审批

申请实验室建设项目，由系或学科带头人、教研室筹建实验室建设小组并任命组长，组长组织人员撰写实验室建设项目申报书，进行实验室建设的必要性与可行性论证。根据项目建设具体内容明确项目成员分工（原则上谁提出谁负责），项目实施过程中，项目成员应按分工全程负责，包括仪器设备建卡、领用和验收。申请理由要合理、充分，主要内容要详尽，建设目标要明确，建设方案切实可行。实验室建设规模既要充分考虑学生数、学时数，满足有关文件中实验教学对资源的要求，又要避免规模过大，造成浪费，要充分体现实验室的建设效益。经费预算前，小组成员要与多家供应商或厂商进行询价和考察其提供产品的质量情况，比较性价比后择优测算，测算要有依据，力求准确合理。对于项目内所购置仪器设备单价≥10 万元人民币、软件单价≥5 万元人民币的大型贵重、精密设备和软件，申报单位必须进行专门论证。学院实验室管理领导小组对立项申请进行论证、会审、排序，提出初步意见，上报学校主管部门审批。

（3）项目的组织实施

经批准立项的实验室建设项目按项目管理方式由项目组负责组织实施，项目负责人负责项目实施的全面工作，学院实验室管理领导小组对项目实施负有领导和组织进行中期检查的责任。项目经审批后交资产管理处执行仪器设备的采购程序。实验室建设项目批准后，应严格按照项目申报书的建设方案执行，不能随意改变实施方案。若有特殊情况，需要对项目的计划和实施方案加以修改时，需要由学院（系、实验中心）进行认真深入的论证，然后向学校相关部门提交新的建设方案论证报告。论证报告的内容包括计划变更原因、建设目标、预期效益、实施方案和部门意见。由学校相关部门审批通过后方可实施。项目经费只能用于设备的采购以及经费预算表中所明确说明的科目，不得挪作他用。仪器设备的采购与验收按照资产管理处相关文件执行。

（4）项目验收

各项目原则上应于项目规定的结束时间后 3 个月内申请验收，若项目负责人在规定时间不提出验收申请，则由学院视情况指定时间进行验收。验收组织：验收小组为学院实验室管理领导小组和项目小组成员。验收标准：验收依据的标准为是否达到项目立项申报书以及其他有效的文件中所涉及的项目建设目标、项目效益、项目质量，包括环境、安全等指标。验收的内容和方法：验收组对项目的建设进行全面的考察，包括听取报告、查阅研究报告和学生实验报告等资料、现场检查、现场演示和必要的测试、测量等。项目组应提供如下资料：项目申报书、项目任务书、项目验收书、实验大纲、实验指导书以及仪器设备的资产和相关技术档案资料等。验收结论：验收组要对验收项目的项目目标、预期效益、项目质量、经费使用等方面进行考察和评价，作出验收是否合格的明确结论，并填写项目验收报告。对于验收不合格的项目，应在项目验收报告中明确指出不合格的内容。改进：对于验收不合格的项目，项目组要进行整改，整改后写出整改报告交学院重新验收。

项目有以下情形之一为不合格：项目目标未达到立项申报要求；项目建设质量存在严重问题，影响正常使用；未经主管部门批准而私自改变、挪用经费使用范围；项目存在环境、安全问题。

（5）验收资料管理

项目验收结束后，相关职能部门及建设单位将《实验室建设项目申报书》《实验室建设项目任务书》《实验室建设项目验收报告》以及仪器设备的资产（含设备采购发票复印件）和相关技术资料等整理归档。仪器设备的采购和相关技术资料由项目所在院（系、部、中心）集中管理，以备需要时调阅。因资料缺失，导致设备后续工作出现问题，由项目小组成员承担责任。

（6）奖励办法

对于项目完成质量出色，教学效果和效益显著的建设单位，学院将给予项目组适当的表彰或奖励。

八、大型贵重精密仪器使用管理制度

为加强对大型贵重精密仪器设备的管理，使其在教学科研、社会服务等方面充分发挥应有的作用，根据教育部有关文件精神和学校有关管理规定，结合学院实际，特制定本办法。

大型贵重精密仪器设备的范围：单价在 5 万元及以上、10 万元以下的仪器设备为一般贵重仪器设备。单价在 10 万元及以上或全套设备总价超过 10 万元的成套仪器设备为大型贵重仪器设备。单价在 40 万元及以上或全套设备总价超过 40 万元的成套仪器设备为特大型贵重仪器设备。属于国外引进、教育部根据国家有关部门规定明确为大型、贵重的仪器设备。

大型贵重精密仪器设备的使用管理 制度

① 对于购进的大型贵重精密仪器设备，由学院统一管理，各实验中心应加强管理，要逐台建立操作规程和使用管理办法，确定专人进行管理。仪器设备的使用、维修、管理人员都必须经过培训与考核，并且保持相对的稳定。

② 设备管理员应加强对大型贵重精密仪器设备的日常维护，要针对其特点做到防尘、防潮、防震、专人保管、定期保养和定期校验，以保证其处于良好运行状态，提高大型仪器设备的有效使用年限。

③ 使用大型贵重精密仪器设备时，须经有关人员批准，并严格按有关规程操作。如因教学、科研需要，让学生使用大型贵重精密仪器设备时，必须要有实验室管理人员或指导教师现场指导。使用大型贵重精密仪器设备，应如实做好使用记录。在使用过程中，如仪器设备出现故障，应立即停止使用，并及时向有关人员报告。

④ 大型贵重精密仪器设备原则上不外借，特殊情况需外借时必须经资产处同意并报分管校长批准后方能借出，借出前必须办理有关借用手续，按时归还。

⑤ 使用单位必须充分发挥大型贵重精密仪器设备的作用，提高其利用率和使用效益，在完成教学、科研任务的同时，面向校内外开放，实现资源共享，努力提高经济效益和社会效益。

⑥ 学校资产处要加大对大型贵重精密仪器设备使用情况的监管力度，做到每学年组织一次有关使用效益的考核评估。对于使用保管单位长期占有而利用率较低的仪器设备，应根据实际需要，及时组织校内调剂调拨。

九、学生实验室行为准则

实验室是进行教学和科研的重要场所，为维护实验室的正常教学秩序，学生进入实验室做实验必须遵守如下规定。

① 进入实验室前需按实验要求穿戴整齐，严禁穿拖鞋、背心。

② 服从实验员和指导老师的安排，严格遵守实验室的管理制度。保持安静，

严禁喧哗、打闹。

③ 严禁携带食物进入实验室，禁止吸烟，保持室内清洁卫生。

④ 实验前做好预习，课内专心听从指导老师的讲解，必须在切实掌握仪器设备使用方法、药品材料的特性，经指导老师同意后方可开始实验，实验过程必须严格遵守操作规程。

⑤ 对于实验用的酸、碱和有毒物质等要按规定有序摆放，并切实注意安全。

⑥ 实验过程中出现不正常现象必须及时报告指导老师或实验员，采取正确措施及时处理，以免造成事故。

⑦ 未经许可，不得搬动和使用除实验指定外的其他仪器设备，严禁把实验室的物品带离实验室，违反者按学院有关规定处理。

⑧ 实验过程中发生仪器设备损坏事故，按学校相关管理规定处理。

⑨ 实验完成后，按要求认真填写有关实验室和仪器设备登记表，整理和复原实验用过的仪器设备，做好卫生工作，经指导老师检查同意后方可离开实验室。

十、实验室仪器设备有偿使用制度

为加强仪器设备的管理，充分发挥其在教学科研中的作用，提高投资效益和使用效益，避免重复购置，促进跨学科跨部门的横向联合，协作共用，充分调动各方面积极性，解决大型仪器设备在使用、养护、维修过程中存在的问题，特制定本办法。

（1）仪器设备有偿使用的管理

学院的仪器设备原则上一律实行开放服务，实行仪器设备专管共享及有偿使用。仪器设备所在实验中心负责人负责本单位仪器设备的开放服务、资源共享的组织实施工作。仪器设备有偿服务，实行学院统一领导，收支两条线，由学院集中核算的管理办法。有偿使用仪器设备均应认真、详细、完整地填写《仪器设备有偿使用登记表》。此表一式三联，第一联报学院作为收费、核报实验耗材、有偿使用效益考核等的依据；第二联实验室主任留存，作为实验人员工作量考核、晋职、考评、劳务费发放的依据；第三联由操作人员留存，作为统计报表、申报劳务的基础材料。收费原则：计划内本科教学使用开放仪器设备实行免费，其他使用开放仪器设备一律按收费标准收费。有偿使用仪器设备在学校财务处建立有偿使用账户。

（2）收益的分配与使用

仪器设备运行维护及管理服务费：其中 80%用于成本和发展基金，20%可用于奖酬基金、开支部分劳务费或加班费。由课题组投资购买的仪器设备有偿使用收费按毛收入分配，20%上交学校，80%作为仪器设备运行维护及管理服务费。实验中心负责管理使用留存经费，学院（部、系）主管负责人签字。购买耗材等按学校有关规定执行。

  （3）仪器设备有偿使用的考核

  每年对各单位仪器设备有偿使用情况进行总结。对于仪器设备有偿使用工作有管理不当的工作人员，学院将进行批评并责成限期制订整改方案。连续两年考核评估不合格的管理人员，学院有权将其管理权收回，仪器设备另行托管。

十一、实验室事故应急处理预案

  实验中心作为科研、教学的重要平台，是学院综合实力的重要组成部分。实验过程中频繁使用各类易燃、易爆、易氧化、剧毒物质，一些实验需要在高温、高压或超低温、真空、强磁、微波、辐射、高电压和高转速特殊环境下进行，有些实验还会产生有毒有害物质。同时，实验室又具有使用频繁，人员集中且流动性大的特点。因此，实验室安全状况复杂，除了对实验室进行必要的技术预防、专业人员守护以及要害部门人员思想动态的掌握以外，还必须对因实验室而引发的事故具有充分的思想准备和应急措施，做好事故发生的补救工作，为此特制定本应急预案。

  （1）实验中心事故应急工作小组及领导值日安排

  组长：

  副组长：

  成员：

  领导值日安排：

  （2）实验中心避免事故发生的预防措施

  实验前实验员检查电气设备的安全情况：实验前实验员必须做好实验仪器、设备的安全性能检查，并做好记录，对存在安全隐患的实验仪器不得在实验中使用，严格管理好危险药品和仪器设备，严格检查电气设备的安全情况，确保实验安全进行。

  任课教师讲解安全注意事项和应急措施：任课教师在实验前，必须向学生详细讲解实验中安全操作规程、注意事项和应急措施，准备好安全防护措施。实验过程中任课教师和实验员密切注意学生操作过程，发现不规范操作或行为应立即予以制止和纠正。实验后应立即回收危险药品，确保学生安全。

  实验员做好危险药品的管理：易燃、易爆、剧毒化学药品的领用、消耗应随时登记，建立档案。危险化学药品按特性分类保管，做到防光、防晒、防潮、防冻、防高温、防氧化，并经常检查。对氧化剂、自燃药品、遇水燃烧品、易燃液体、易燃固体、毒害品、腐蚀品要严格保管，谨慎使用，绝对避免因混放而诱发爆炸、火灾等事故。

实验员做好仪器设备的保养维护工作：实验员必须定期对仪器设备进行清洁、检查、调整、紧固以及替换个别易损件，根据设备的使用规律、操作维护水平及运行条件确定是否请厂家进行维保，并对每次例行、定期保养进行记录。

（3）实验中心事故应急预案

发生事故学院领导到场：发生化学药品丢失、伤人、刑事案件和灾害性事故，学院领导应迅速赶赴现场并向分管校领导汇报，发生严重事故必须立即拨打学校报警电话。

正常的教育教学实验中发生危害学生身体或群体健康事件：在场教师应立即停止一切教学活动，并立即开展救援、疏导、撤离（教师在确认没有学生时最后一个撤离），并立即拨打学院办公室电话。学院领导应立即赶赴事故现场，联系校医院，做好应急救治处理措施，妥善处理受伤学生。立即将受伤学生送医院救治，同时联系学生家长，告知情况。在场学生、教师写好突发事件经过说明书。对事故现场进行相应保护，对不能长时间保护的现场应通过录像、拍照进行保护。由学院办公室在第一时间内向学校保卫处汇报。做好家长的安抚和事故的善后处理工作。事故查清后，要写出定性处理报告，以及对事故制造者或责任人提出处理意见。

实验室小型意外事故处理办法：若因乙醚、乙醇、苯等有机物引起着火，应立即用湿布、细砂或泡沫灭火器等灭火，严禁用水扑灭此类火灾。若遇电气设备着火，必须先切断电源，再用二氧化碳灭火器灭火，不能使用泡沫灭火器。遇烫伤事故，切勿用水冲洗，可用高锰酸钾溶液清洗伤口处，再擦上凡士林、万花油或烫伤药膏。严重者应立即送医院急救。若在眼睛内或皮肤上溅着强酸或强碱，应立即用大量清水冲洗，然后再用碳酸氢钠溶液或硼酸溶液冲洗。若吸入氯、氯化氢等气体，可立即吸入少量的乙醇和乙醚的混合蒸气，若吸入硫化氢气体而感到不适或头晕时，应立即到室外呼吸新鲜空气。若有毒物质进入口腔内，把大约 10% 的稀硫酸铜溶液加入一杯温水中，内服后用手指深入咽喉部，促使呕吐，然后立即送医院抢救。被玻璃割伤时，伤口内若有玻璃碎片，必须把碎片拔出，然后涂抹酒精、红药水并包扎伤口。严重时应先在实验室做简单处理，然后送医院急救。遇到触电事故时，应立即切断电源，严重时立即进行人工呼吸。

实验室大型意外事故处理办法：火灾、爆炸事故拨打 119 请消防部门灭火，拨打 120 请医疗部门抢救伤员。有毒及化学危险品事故拨打 119 请消防部门联系化工部门为主，公安、消防、环保、交通部门配合处理。压力容器、压力管道等事故请质量技术监督部门联系劳动、保险等相关部门处理。

（4）加强培训学院相关人员的应急素质

保卫人员应急素质基本要求：人员训练有素，招之即来，来之能干。所有参与实验室意外事故处理的人员穿戴好个人防护用品，携带好装备、器材和工具，服从指挥，严守纪律。

进入现场前注意事项：到有毒有害气体扩散事故现场抢险，所有车辆、人员停留在上风向，抢救过程中，尽可能减少人员入围。加强灾情侦察，严防事态扩大。

（5）善后处理

实验室意外事故事发单位，应做到残留不扩散、环境不污染。进入现场的人员、设备、设施受毒物污染，必须进行全面清洗消毒，经有关部门（卫生防疫、环保）检测无碍，方可离开现场，以防造成次生灾害。

（6）事故处理

安全事故按学校有关规定予以追责，特大安全事故调查处理按国家规定执行，构成犯罪的移交司法机关追究刑事责任。

参考文献

[1] 北京大学化学与分子工程学院实验室安全技术教学组. 化学实验室安全知识教程 [M]. 北京：北京大学出版社，2012.

[2] 蔡乐，曹秋娥，罗茂斌，等. 高等学校化学实验室安全基础[M]. 北京：化学工业出版社，2018.

[3] 胡洪超，蒋旭红，舒绪刚. 实验室安全教程[M]. 北京：化学工业出版社，2019.

[4] GB 6944—2012.危险货物分类和品名编号.

[5] GB 13690—2009.化学品分类和危险性公示通则.

[6] 联合国.关于危险货物运输的建议书·规章范本，2017.

[7] 联合国.全球化学品统一分类和标签制度，2019.

[8] GB 30000.7—2013.化学品分类和标签规范 第 7 部分：易燃液体.

[9] GB 15346—2012.化学试剂包装及标志.

[10] GB 15258—2009.化学品安全标签编写规定.

[11] TSG 23—2021.气瓶安全技术规程.

[12] GB 5085.1—2007.危险废物鉴别标准.

[13] GB 18871—2002.电离辐射防护与辐射源安全基本标准.